建设机械岗位培训教材

# 预应力设备与机械化施工技术

住房和城乡建设部建筑施工安全标准化技术委员会 组织编写
中国建设教育协会建设机械职业教育专业委员会

李 军 王 平 主编

U0391597

中国建筑工业出版社

图书在版编目（CIP）数据

预应力设备与机械化施工技术/李军，王平主编. — 北京：中
国建筑工业出版社，2015.4
建设机械岗位培训教材
ISBN 978-7-112-17983-1

Ⅰ.①预… Ⅱ.①李…②王… Ⅲ.①预应力施工-技术培训-
教材 Ⅳ.①TU757

中国版本图书馆 CIP 数据核字（2015）第 062045 号

本书是建设机械岗位培训教材之一，主要讲解了预应力工程中的施工机械、设备
及施工技术，内容包括：预应力基础知识、预应力筋及锚夹具、预应力设备、施工工
法与标准规范、预应力监测技术、预应力技术在各领域的应用、预应力施工安全管理
及常见问题处理、现场实习与实操作业、施工现场常用标志标线。

本书可作为预应力工程机械化施工人员岗位培训教材，也可供相关专业技术人员
参考使用。

责任编辑：朱首明 李 明 李 阳
责任设计：李志立
责任校对：张 颖 刘梦然

建设机械岗位培训教材
预应力设备与机械化施工技术
住房和城乡建设部建筑施工安全标准化技术委员会
中国建设教育协会建设机械职业教育专业委员会 组织编写
李 军 王 平 主编

\*

中国建筑工业出版社出版、发行（北京西郊百万庄）
各地新华书店、建筑书店经销
北京红光制版公司制版
北京建筑工业印刷厂印刷

\*

开本：787×1092 毫米 1/16 印张：11¼ 字数：276 千字
2015 年 4 月第一版 2015 年 4 月第一次印刷
定价：32.00 元
ISBN 978-7-112-17983-1
(27223)

# 建设机械岗位培训教材编审委员会

# 前　言

为推动建设机械化施工领域岗位培训工作，中国建设教育协会建设机械职业教育专业委员会委托中国建筑科学研究院建筑机械化研究分院并联合住房和城乡建设部施工安全标准化技术委员会等有关单位，共同设计了建设机械岗位培训教材知识新体系和岗位能力知识结构新框架，启动了建设机械岗位培训教材的研究编制工作，得到了行业主管部门、高校、科研院所、行业龙头骨干企业、高中职校会员单位和业内专家的大力支持。

《预应力设备及机械化施工作业技术》作为中国建设教育协会建设机械职业教育专业委员会指定的预应力行业培训教材，自2009年出版发行以来深受广大读者喜爱，该教材全面介绍了预应力技术以及其在各领域的应用，对于预应力专业领域的机械化施工装备、施工管理、工艺工法和质量安全知识的普及起到了积极作用。

近几年来，我国预应力技术在如核电领域、LNG储罐领域、大型桥隧工程、大跨度建筑物等许多领域取得了很多很新的突破，打破了国外预应力技术、标准和产品在这些领域的长期垄断，并有了较大发展，我国逐步掌握了预应力领域的自主核心技术与标准，实现了产业化、工程化，形成了我国预应力领域科研标准与生产施工的优势团队。预应力技术、装备、工法和标准规范的持续创新、施工安全技术的快速进步，对本领域的从业人员知识更新、在岗学习、能力提升和继续教育等提出了诸多需求。

在新修订的知识体系和岗位能力知识结构框架指导下，中国建设教育协会建设机械职业教育专业委员会及时组织有关单位对原《预应力设备及机械化施工作业技术》进行了修改、补充完善。此教材既可作为施工人员上岗培训之用，也可作为高中职类院校专业课教材。

本教材由柳工集团李军高级工程师和中国建筑科学研究院建筑机械化研究分院王平高级工程师主编并统稿，柳工集团柳州欧维姆机械有限公司刘显晖、吴志勇任副主编，朱万旭、邓年春担任主审。

参加本教材编写的有：柳工集团柳州欧维姆机械有限公司。李文献、易著炜、蒋业东、李居泽、赵靖钊、甘国荣、张皓、苏庆勇、陈立、顾丽；北京建筑机械化研究院王春琢、鲁卫涛、孟竹、刘承桓、张森、温雪兵、孟晓东、安志芳、张磊庆；住房和城乡建设部标准定额研究所张惠锋，河南省标准定额站朱军，武警部队交通指挥部刘振华；施工车辆培训中心林英斌；深州公安消防大队李保国；衡水建设工程质量监督站夏君昌、王敬一、王相乙；北京燕京工程管理有限公司马奉公；中国建筑装饰协会施工分会关鹏刚、王庆明，以及陈春明等行业人士。

# 目　　录

## 第一篇　预应力基础知识

## 第二篇　预应力筋及锚夹具

## 第三篇　预应力设备

## 第四篇　施工工法与标准规范

## 第五篇　预应力监测技术

# 第六篇　预应力技术在各领域的应用

# 第七篇　预应力施工安全管理及常见问题处理

## 第八篇　现场实习与实操作业

## 第九篇　施工现场常用标志标线

# 第一篇　预应力基础知识

## 第一章　预应力技术基本原理

预应力是指在构件（或结构）承受荷载之前预先施加应力，以抵抗由静载或动载引起的反向应力。

预应力的基本原理在几个世纪前就已开始在日常生活中使用，当时人们用竹皮或绳索缠绕木桶并通过沿桶壁鼓形轮廓收紧而使桶箍受拉，从而在桶板之间产生预压力。当木桶盛水后，水压产生的环向拉力只能抵消木板与木板之间的一部分预压力，而木板与木板之间仍保持受压的紧密状态，如图 1-1 所示。

图 1-1　盛水的水桶

20 世纪 20 年代，法国的 E. Freyssinet 成功地将预应力技术运用到工程上，从而推动了预应力材料、设备及工艺的发展。施加了预应力的钢筋混凝土称为预应力混凝土，它是目前工程上运用很广的一种混凝土，那么它有哪些优点呢？要了解预应力混凝土，首先要了解钢筋混凝土。

## 第一节　钢筋混凝土构件

### 一、钢筋混凝土的概念

混凝土是一种用水泥、水及砂石集料按一定比例混合而成的人造石料，混凝土抗压能力较强而抗拉能力很弱，钢材抗拉、抗压性能都很强，两者结合成为钢筋混凝土，在钢筋混凝土中混凝土主要承压，钢筋主要承拉。

钢筋混凝土除了合理利用钢筋和混凝土两种材料的性能外，还有下列优点：

（1）整体性好：钢筋混凝土特别是现浇钢筋混凝土结构的整体性能好，具有较好地抵抗房屋振动荷载和地震力的性能。

（2）耐久性好：混凝土的强度随时间的增长而增加；同时，混凝土保护钢筋，在正常情况下钢筋不易腐蚀，几乎不需维修，因此钢筋混凝土是耐久性较好的结构材料。

（3）耐火性好：钢筋被混凝土保护，这样就不致因火灾使钢筋很快达到软化的危险温度而造成结构的整体破坏。

（4）可模性好：可以根据设计的需要浇筑成各种形状和尺寸的结构构件。

（5）取材方便：钢筋混凝土构件除钢筋和水泥外，所需大量的砂石材料可以就地取材，便于组织运输。

钢筋混凝土构件的主要缺点是自重大，现浇钢筋混凝土比较费工、费模板、施工周期长，施工时间受季节影响；抗裂、隔热和隔声性能较差；补强修复比较困难等。

## 二、混凝土的力学性能及强度等级

### 1. 立方体抗压强度

混凝土强度等级应按立方体抗压强度标准值确定。立方体抗压强度标准值系指按标准的制作方法制作、养护的边长为 150mm 的立方体试件，在 28d 或设计规定龄期以标准试验方法测得的具有 95％保证率的抗压强度值。

### 2. 混凝土的强度等级

我国以混凝土立方体抗压强度标准值来表示混凝土强度等级，混凝土强度等级共 14 级，即：C15、C20、C25、C30、C35、C40、C45、C50、C55、C60、C65、C70、C75、C80，其中 C 表示混凝土，C 后面的数字表示立方体抗压强度标准值的大小（单位：$N/mm^2$）。《混凝土结构设计规范》GB 50010—2010 规定：预应力混凝土结构的混凝土强度等级不宜低于 C40，且不应低于 C30。

## 三、钢筋的种类

钢筋混凝土结构所用的钢筋，按照其生产工艺、机械性能和加工方法的不同，可以分为热轧钢筋、冷拉钢筋和热处理钢筋等。其中前两种属于有明显屈服点的钢筋，后一种属于没有明显屈服点的钢筋。有明显屈服点的钢筋，其塑性好，延伸率大，没有明显屈服点的钢筋，其极限强度高，延伸率小。

## 四、钢筋和混凝土的共同作用原理

钢筋与混凝土是两种性质不同的材料，两者组合在一起能够共同工作，主要依靠两者之间的粘结力。试验表明，粘结力由以下三部分组成：

（1）混凝土结硬后的收缩将钢筋紧紧握裹而产生的摩擦力。

（2）混凝土中水泥浆凝结而与钢筋表面产生的胶结力。

（3）钢筋表面凹凸不平而与混凝土之间产生的机械咬合力。

其中机械咬合力所产生的粘结力最大，约占总粘结力的一半以上。

# 第二节 预应力混凝土的基本知识

## 一、预应力混凝土的原理

在钢筋混凝土结构中施加预应力，就会获得预应力钢筋混凝土，简称预应力混凝土。

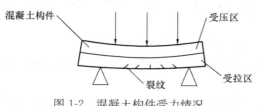

一般来说，在钢筋混凝土中，混凝土的抗拉强度约为其抗压强度的 1/6～1/20，其极限拉应变也仅为极限压应变的 1/15～1/20。混凝土在结构中基本上用于承受压力，而结构中的拉力主要由钢筋来承受。钢筋混凝土的受力情况如图 1-2 所示。

图 1-2 混凝土构件受力情况

由于混凝土的极限拉应变很小，所以普通钢筋混凝土构件的抗裂性能较差。一般情况下，在普通钢筋混凝土结构中，当钢筋应力超过 $20\sim30\mathrm{N/mm^2}$ 时，混凝土就开裂了。要使钢筋混凝土构件不出现裂缝，则钢筋强度就不能充分利用，要想充分利用钢筋强度，则裂缝开展就会过大影响耐久性。因此要解决钢筋混凝土存在的上述问题，关键就在于消除受拉区混凝土裂缝的出现与过大的问题。解决的主要办法就是在结构构件承受外荷载之前，预先施加一个力，使在荷载作用下的受拉区混凝土预先存在预压应力，由于下部混凝土有预压应力而产生一定的压缩变形，使梁向上弯曲（称为反拱），如图 1-3（a）所示。

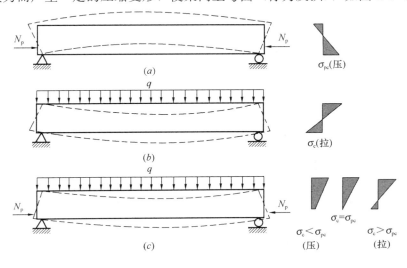

图 1-3　混凝土受力情况

受荷载后，梁开始向下弯曲（称为挠度），使下部混凝土中的预应力随之减小，也就是说，由外荷载在构件中所引起的拉应力被预压应力抵消了一部分，梁的反拱也随之减少，随着荷载的增加，梁继续向下弯曲，当预压应力全部抵消时，混凝土中的应力等于零，梁恢复平直状态，如图 1-3 中（b）所示。

继续增加荷载，梁继续向下弯曲，使下部混凝土出现拉应力，如图 1-3 中（c）所示。当拉应力超过混凝土抗拉强度的限值后，结构将出现裂缝。

## 二、预应力混凝土的优缺点

预应力混凝土结构构件一般是通过张拉预应力筋的回弹、挤压，使混凝土截面受到某种量值与分布的内压力，以局部或全部抵消使用荷载应力。由于在被张拉的预应力筋中存在预拉应力，因此，预应力是为改善结构构件的裂缝和变形性能，在使用前预先施加的永久性内应力，且钢材中的拉应力与混凝土中的压应力组成一个自平衡系统。

预应力不能提高混凝土的强度，预应力构件常用高强混凝土，这些构件承载力的提高得益于高强混凝土，而不是预加应力。通过消除使用荷载下形成的多数裂缝，预加应力能较好地改善混凝土构件的耐久性，并且使其构件具有相对大的跨高比。

预应力混凝土结构能够节约钢材、降低造价、延长使用寿命，还有耐火、耐高压、耐高温和抗震等优点，而且适应性强，既可用于陆地又可用于海洋，是一种结构综合性能较好的结构材料。在许多现代工程中，预应力混凝土已成为不可缺少的组成部分，如核电站建设、海洋工程建设、高速公路与桥梁工程。在某些高层建筑、抗震工程、高耸结构以及大跨、大空间等结构中，预应力结构已成为其他材料不可替代的重要结构。

概括起来，预应力混凝土的优点主要有以下几点：

（1）易于满足裂缝控制的要求；

（2）能充分利用高强材料；

（3）提高构件刚度、减小构件尺寸与变形；

（4）解决使用其他结构难以解决的技术问题，建造各类大型、大跨、超高、超重的建筑工程，为结构设计与施工带来了质的飞跃与量的巨变。

预应力混凝土的不足之处主要有：设计计算复杂、施工工序多，施工需要专门的张拉设备，对施工人员要求较高，从事预应力施工的人员都要经过专门培训，经考核通过后才能持证上岗。

我国的预应力混凝土技术从 20 世纪 50 年代起步后发展迅速，目前已进入高效预应力混凝土结构的新阶段，广泛应用于房屋建筑、桥梁、水利、水电、海洋、能源、交通、核电、地下工程、矿山、特种结构等领域。

## 三、预应力施加的方法

施加预应力的方法按施加预应力的时间可分为先张法和后张法。

**1. 先张法**

先张拉预应力筋后浇筑混凝土的具体过程是：先在台座上按设计规定的拉力用张拉机具张拉预应力筋，用夹具将其临时固定在台座上，然后浇筑混凝土，待混凝土达到一定强度（一般不低于设计强度的 75%）后，把张拉的预应力筋放松，预应力筋回缩时产生回缩力，回缩力通过预应力筋与混凝土之间的粘结作用传递给混凝土，使混凝土获得了预压应力。先张法构件中的预应力是依靠预应力筋和混凝土之间的粘结力建立起来的。

先张法适用于成批生产的中、小型构件，施工工艺简单，成本较低，但需要较大的生产场地。先张法可以重复利用模板，节省大量的锚具，是一种非常经济的施加预应力的方法。

**2. 后张法**

先浇筑混凝土，待混凝土硬结并达到一定的强度后，在构件上张拉预应力筋的方法。具体过程是：首先在构件中配置预应力钢筋的部位上预留出孔道，再浇筑混凝土，待混凝土达到一定强度（不低于设计强度的 75%）后，将预应力筋穿过预留孔道，以构件本身作为支承对预应力筋进行张拉，混凝土被压缩并获得预压应力。当预应力筋达到设计拉力后，用锚具将其锚固在构件两端，保持预应力筋和混凝土内的应力。最后，在预留孔内压注水泥浆，保护预应力筋不被锈蚀，同时使预应力筋与混凝土形成整体，共同工作。后张法预应力的传递依靠构件两端的工作锚具完成，这种锚具与构件形成一体共同工作，工作锚具不能重复使用。后张法应用最广，尤其是用于大中型的预应力混凝土构件。后张法施工如图 1-4 所示。

根据预应力筋与混凝土构件粘结形式的不同，分为有粘结后张法、无粘结后张法以及缓粘结后

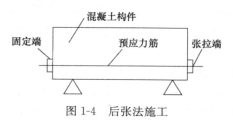

图 1-4　后张法施工

张法。

## 四、预应力混凝土材料

预应力混凝土材料主要包括预应力钢材和混凝土，这两种材料应能满足以下要求：

**1. 对预应力钢材的要求**

预应力钢材包括碳素钢丝、钢绞线、热处理钢筋和精轧螺纹钢筋等。预应力钢材的发展趋势为高强度、粗直径、低松弛和耐腐蚀。常用预应力钢材应满足以下要求：

（1）预应力钢材的强度要高；

（2）预应力钢材和混凝土应有较高的粘结强度；

（3）预应力钢材应具有良好的塑性能力。

**2. 对混凝土的要求**

用于后张预应力结构中的混凝土比常规的普通混凝土结构要求有更高的强度，因为预应力筋比普通钢筋强度高出许多，为充分发挥预应力筋的强度，混凝土必须有较高的强度与之匹配，特别是现代高效预应力混凝土技术的发展，要求混凝土不只有较高的抗压强度指标，还要求混凝土具有多种优良结构性能和工艺性能。预应力混凝土结构用混凝土的发展方向是高性能混凝土。

关于高效能混凝土，目前国际上还没有一个公认的定义，从预应力结构的要求来看，它应具有强度高、变形能力均匀、耐久性好、收缩徐变小、施工操作方便等综合优点。从施工角度看，混凝土应该是强度高、强度增长快，易于早拆模；和易性好，质量均匀、稳定，易于浇筑；含气量少，收缩徐变小，表面质量均匀，混凝土中应不含有对预应力筋有侵蚀作用的外加剂，如氯盐附加剂。

## 五、有关预应力的部分名词术语

（1）锚具：在后张法结构或构件中，用于保持预应力筋的拉力并将其传递到混凝土（或钢结构）上所用的永久性锚固装置。锚具可分为两类：

1）张拉端锚具：安装在预应力筋端部且可用以张拉的锚具。

2）固定端锚具：安装在预应力筋固定端端部，通常不用以张拉的锚具。

（2）连接器：用于连接预应力筋的装置。

（3）预应力筋：在预应力结构中用于建立预加应力的单根或成束的预应力钢丝、钢绞线或钢筋等。预应力筋可分为：

1）有粘结预应力筋：和混凝土直接粘结的或是在张拉之后通过灌浆使之与混凝土粘结的预应力筋。

2）无粘结预应力筋：用塑料、油脂等涂包的预应力筋，可以布置在混凝土结构体内或体外，且不能与混凝土粘结，这种预应力筋的拉力永远只能通过锚具和变向装置传递给混凝土。

（4）夹具：在先张法构件施工时，用于保持预应力筋的拉力并将其固定在生产台座（或设备）上的临时性锚固装置；在后张法结构或构件施工时，在张拉千斤顶或设备上夹持预应力筋的临时性锚固装置（又称工具锚）。

（5）预应力筋-锚具组装件：单根或成束预应力筋和安装在端部的锚具组合装配而成

的受力单元。

（6）预应力筋-夹具组装件：单根或成束预应力筋和安装在端部的夹具组合装配而成的受力单元。

（7）预应力筋-连接器组装件：单根或成束预应力筋和连接器组合装配而成的受力单元。

（8）内缩：预应力筋锚固过程中，由于锚具各零件之间、锚具与预应力筋之间的相对位移和局部塑性变形所产生的预应力筋的回缩现象。

（9）预应力筋-锚具组装件的实测极限拉力：预应力筋-锚具组装件在静载试验过程中达到的最大拉力。

（10）预应力筋-夹具组装件的实测极限拉力：预应力筋-夹具组装件在静载试验过程中达到的最大拉力。

（11）受力长度：锚具、夹具、连接器试验时，预应力筋两端的锚具、夹具之间或锚具与连接器之间的净距。

（12）预应力筋的效率系数：受预应力筋根数、试验装置及初应力调整等因素的影响，考虑预应力筋拉应力不均匀的系数。

# 第二章 预应力理论介绍

## 第一节 预 应 力 损 失

预应力混凝土结构施工制作的关键，在于保证结构具有最终的有效预应力，以满足结构预期的抗裂、变形、强度等要求。

预应力筋的张拉由于施工方法、锚具形式以及材料的特性等影响，张拉后建立起来的应力会逐渐降低，降低后剩余下的应力，称为有效预应力。从张拉建立起的应力到有效预应力这一过程中所出现的应力减少称之为预应力损失。预应力损失值的大小是影响构件抗裂性和刚度的主要因素。应力损失过大，不仅会减小混凝土的预压应力，降低构件的抗裂性能，降低构件的刚度，还可能导致预应力的失败，因此正确地了解引起预应力损失的各种因素以及减少预应力损失的有效措施，对于设计和制作预应力混凝土是非常重要的。

由于先张法和后张法构件中的预应力建立方式不同，因此先张法和后张法构件中预应力的损失也不同。

### 一、先张法和后张法中预应力损失

#### 1. 先张法预应力损失

在未放松预应力筋之前，通常有锚具变形和预应力筋的回缩引起的预应力损失；混凝土加热养护时，受张拉的预应力筋与承受拉力的设备之间的温差引起的预应力损失；预应力筋的应力松弛引起的预应力损失；如采用折线张拉法，有弯折点的摩阻损失；在预应力筋放松后，还有因混凝土的收缩和徐变引起的预应力损失及混凝土弹性压缩引起的预应力损失等。

#### 2. 后张法预应力损失

在混凝土预压前有因张拉端锚具变形和预应力筋回缩以及预应力筋与孔道之间摩擦引起的预应力损失；当混凝土预压后有预应力筋的应力松弛、混凝土的收缩和徐变引起的预应力损失；此外，预应力结构分批进行张拉预应力筋时，还有分批张拉的混凝土弹性压缩引起的预应力损失，折线张拉时的相应损失等。

### 二、减少孔道摩擦损失的措施

在后张法施工中，预应力筋与孔道之间由于摩擦产生的损失较大，根据施工经验，采用以下措施可以减少孔道摩擦损失：

#### 1. 改善预留孔道与预应力筋制作质量

孔道局部偏差的影响系数，不仅只考虑孔道本身有无局部弯曲，而且包括预应力筋弯折、端部预埋钢板下孔道不垂直、张拉时对中程度等影响在内，尤其是端部预埋钢板与孔道不垂直时难于对中，迫使预应力筋紧贴孔壁，增大摩擦力，因此改善预留孔道与预应力筋制作质量能够减少孔道摩擦损失。

**2. 采用润滑剂**

对曲线段包角大的孔道，预应力损失很大。可采用涂刷肥皂液、复合钙基脂加石墨、工业凡士林加石墨等润滑剂，以减少摩擦损失，摩擦系数可降至 0.1～0.15。工业凡士林加石墨摩擦系数值稍高于复合钙基脂加石墨，但遇水不皂化，防锈性能比复合钙基脂好。

对有粘结筋，润滑剂偶尔可用，但随后要用水冲掉，以免破坏最后靠灌浆实现的粘结。

**3. 采用超张拉方法**

预应力筋采取超张拉，是减少孔道摩擦损失的有效措施。减少摩擦所需要的超张拉，与减少锚固损失或减少预应力筋松弛所需要的超张拉可不叠加，只要采取三个需要值中最大的一个。

# 第二节　有粘结和无粘结预应力的区别

后张有粘结预应力技术是通过在结构或构件中预留孔道，允许孔道内预应力筋在张拉时可自由滑动，张拉完成后在孔道内灌注水泥浆或其他类似材料，而使预应力筋与混凝土永久粘结不产生滑动的施工技术。

后张无粘结预应力混凝土在施工时无需预留孔道，而是在预应力筋的表面涂上一层专用润滑防锈油脂，再裹上一层防护塑料套管。浇筑混凝土前，无粘结筋同普通钢筋一样施工，按设计要求铺放和绑扎在模板内，待混凝土强度达到设计要求 75% 时，即可进行张拉、锚固，预加应力靠锚具传给混凝土便完成全部预应力工序。

后张无粘结预应力混凝土技术与后张有粘结预应力混凝土技术相比有以下优点：

（1）后张无粘结预应力混凝土与后张有粘结预应力混凝土相比，省去了预埋管道、穿筋和灌浆等工序，加快了施工进度。

（2）在高层建筑和多层建筑结构中，往往为了降低层高，多出层数或降低总高度，增加净空，扩大开间，柱网扩大，形成大跨度，采用无粘结预应力技术也是比较合适的，特别是可用于单向、双向简支或连续的无粘结预应力平板、密肋梁板、井式梁、板柱框架、框架梁、悬臂梁板、扁梁板、拉杆等楼屋盖和构件。与普通钢筋混凝土相应楼屋盖等结构相比，可降低结构层高 30～50cm，约每 10 层可多建一层楼，这不仅节约了材料，还节约了占地面积，节约了能源。

（3）采用无粘结预应力平板、板柱无梁楼盖结构，模板简易、地面平整，便于设备安装、管线减短，还可节约吊顶。

（4）由于楼板跨度可以做大，则便于灵活隔断，使建筑具有多功能及广泛的适用范围。

（5）采用无粘结预应力结构，其专业施工工序，如铺筋、张拉、混凝土封锚等工序均可平行作业，不占工期。

（6）与钢筋混凝土楼板相比，结构抗裂性高、刚度好、变形小，可以设计不出裂缝结构或限制裂缝宽度的结构。

# 第二篇　预应力筋及锚夹具

## 第三章　预　应　力　筋

按材料类型，用于预应力工程中的预应力筋可分为：钢丝、钢绞线、钢筋和非金属预应力筋。

在我国预应力工程中，目前大量使用的预应力筋是预应力钢绞线和高强钢丝，钢筋和非金属预应力筋使用较少，特别是非金属预应力筋还在开发研究阶段。预应力工程所采用施工方法不尽相同，在房屋结构中，大量使用后张无粘结预应力技术和后张有粘结预应力技术；在桥梁结构中，以后张有粘结预应力施工方法为主，采用不同的施工方法则所选用的预应力筋也不尽相同。体外预应力技术和缓粘结预应力工艺目前运用还比较少，因此体外预应力筋和缓粘结预应力筋应用也比较少。

### 第一节　预应力混凝土用钢丝

预应力混凝土用钢丝是用优质高碳钢盘条经索氏体化处理、酸洗、镀铜或磷化后冷拔制成，常采用 80 号钢，其含碳量为 0.7%～0.9%。为了使高碳钢盘条能顺利拉拔，并使成品钢丝具有较高的强度和良好的韧性，盘条的金相组织应从珠光体变为索氏体。盘条的索氏体化处理：一是采用传统的铅浴淬火方法；二是由于轧钢技术的进步，采用轧后控制冷却方法，直接得到索氏体化盘条。轧后控制冷却方法可取消铅浴淬火，节约能源，避免铅作业对人体和环境的污染，但易出现盘条索氏体化程度差或盘条的匀质性差等问题。

预应力混凝土用钢丝按加工状态分为冷拉钢丝和消除应力钢丝两类，消除应力钢丝按松弛性能又分为低松弛级钢丝和普通松弛级钢丝；按外形分为光圆钢丝、螺旋钢丝和刻痕钢丝。

#### 一、冷拉钢丝

冷拉钢丝是经冷拔后直接用于预应力混凝土的钢丝。其盘径基本等于拔丝机卷筒的直径，开盘后钢丝呈螺旋状，没有良好的伸直性。这种钢丝存在残余应力，屈强比低，伸长率小，仅用于铁路轨枕、压力水管和电线杆等。

#### 二、消除应力钢丝

消除应力钢丝（又称矫直回火钢丝）是冷拔后经旋转的矫直辊筒矫直，并回火（350～400℃）处理的钢丝，属于普通松弛级钢丝。其盘径不小于 1.5m。钢丝经矫直回火后，可消除钢丝冷拔中产生的残余应力，提高钢丝的比例极限、屈强比和弹性模量，并改善塑性；同时获得良好的伸直性，施工方便。这种钢丝广泛用于房屋、桥梁、市政、水利等工程。

### 三、刻痕钢丝

刻痕钢丝是用冷轧或冷拔方法使钢丝表面产生规则变化的凹痕或凸纹的钢丝。其性能与消除应力钢丝相同。表面凹痕或凸纹可增加钢丝与混凝土的握裹力。刻痕钢丝的外形有两面刻痕与三面刻痕。这种钢丝可用于先张预应力混凝土构件。

### 四、低松弛钢丝

低松弛钢丝（又称稳定化处理钢丝）是冷拔后在张力状态下经回火处理的钢丝。钢丝的张力为抗拉强度的 30%～50%，张力装置有以下两种：一是利用两组张力轮的速差使钢丝得到张力；二是利用拉拔力作为钢丝的张力，即放线架上的半成品钢丝的直径要比成品钢丝的直径大（留有 10%～15% 的压缩变形量）。该钢丝通过机组中的拉丝模拉成最终产品，拉丝机的拉拔卷筒相当于第二组张力轮。钢丝在热张力的状态下产生微小应变（约 0.9%～1.3%）。从而使钢丝在恒应力下抵抗错位转移的能力大为提高，达到稳定化。

经稳定化处理的钢丝，弹性极限和屈服强度提高，应力松弛率也大大降低，但单价稍贵；考虑到构件的抗裂性能提高、钢材用量减少等因素，综合经济效益较好。这种钢丝已逐步在房屋、桥梁、市政、水利等大型工程中推广应用。

### 五、镀锌钢丝

镀锌钢丝是用热镀锌或电镀方法在表面镀锌的钢丝。其性能与低松弛钢丝相同。热镀锌钢丝的锌重量应为 $190～350 \text{g/m}^2$，相当于锌层的平均厚度为 $25～27 \mu\text{m}$。镀锌钢丝的抗腐蚀能力强，价格较贵，主要用于悬索桥和斜拉桥的拉索，以及环境条件恶劣的拉杆。

钢丝的规格与力学性能应符合国家标准《预应力混凝土用钢丝》GB/T 5223 规定。后张应力结构中所用的预应力钢丝为《预应力混凝土用钢丝》GB/T 5223 中的光面消除应力的高强度圆形碳素钢丝，常用规格有 $\phi5$、$\phi7$ 钢丝。

### 六、环氧涂层钢丝

由于环氧树脂分子结构中包含大量的苯环、醚键、羟基结构，对金属基材具有优异的附着力，形成的涂层具备优良的耐酸性、耐碱性和耐溶剂性等化学特性，具有优异的防腐功能，尤其适用于沿海地区气候环境等严重腐蚀环境中使用。为解决镀锌铝合金钢丝、热镀锌钢丝防腐能力和工艺性能的不足，OVM 将环氧涂层防腐技术运用到桥梁缆索高强钢丝的防护中，并成功地研制开发了缆索用环氧涂层钢丝，其产品性能满足《缆索用环氧涂层钢丝》GB/T 25835 的要求，为解决拉索防腐问题、提高拉索使用寿命提供一个新的突破点。环氧涂层钢丝涂层厚度为 0.13～0.30mm，具有优异的耐高低温、抗机械冲击、高韧性等物理特性，常用规格 $\phi5$、$\phi7$ 钢丝。

环氧涂层钢丝与镀锌铝合金钢丝、热镀锌钢丝防护相比具有以下的优点：

（1）在环氧涂层未受损坏的合理施工条件下，环氧涂层钢丝的正常使用寿命为 50 年。

（2）环氧涂层钢丝在保持光面钢丝原有良好的物理、力学性能同时，还具备优秀的抗化学性、耐盐雾性和耐干湿性等性能。有效地提高了高强度钢丝在恶劣环境中的防腐性和耐久性。

（3）环氧涂层钢丝的防腐机理决定了其防腐过程中不可能产生氢，有效减小高强度钢丝的"氢脆"可能性。

（4）环氧涂层具有足够的韧性。钢丝在拉伸过程中，环氧涂层与高强度钢丝同步延伸，不发生脆裂；钢丝极限破断时，环氧涂层与钢丝断口一致，即使面临碰撞也能有效地保持涂层的完整性。环氧涂层钢丝在冷铸锚头中与环氧铁砂之间的握裹性能优于其他钢丝，具有更为优越锚固性能。

（5）熔结环氧粉末涂料静电涂覆技术，制作工艺成熟，涂层质量稳定可靠，涂覆过程中无环境污染，对人体无毒害，节省资源，优越的环保性能符合当今社会对科学技术的发展要求。

## 第二节 预应力混凝土用钢绞线

预应力混凝土用钢绞线是用多根冷拔钢丝在绞线机上成螺旋形绞合，并经消除应力回火处理制成。钢绞线的整根破断力大、柔性好、施工方便，在预应力施工中应用广泛，具有广阔的发展前景。

预应力混凝土用钢绞线按结构不同可分为 5 类，其代号为：

用 2 根钢丝捻制的钢绞线 1X2
用 3 根钢丝捻制的钢绞线 1X3
用 3 根刻痕钢丝捻制的钢绞线 1X3 I
用 7 根钢丝捻制的标准型钢绞线 1X7
用 7 根钢丝捻制又经模拔的钢绞线 （1X7）C

钢绞线的产品标记应包含：预应力钢绞线，结构代号，公称直径，强度级别，标准号。如：公称直径为 15.20mm，强度级别为 1860MPa 的七根钢丝捻制的标准型钢绞线，其标记为：预应力钢绞线 1X7-15.20-1860-GB/T 5224—2003。

1X7 钢绞线是冷拉光圆钢丝捻制成的标准型钢绞线，由 6 根外层钢丝绕着一根中心钢丝（直径加大 2.5%）绞成，用途广泛，如图 3-1 所示。

1X2 钢绞线与 1X3 钢绞线仅用于先张法预应力混凝土构件。

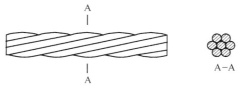

图 3-1　1X7 钢绞线

钢绞线根据深加工的要求不同可分为：普通松弛钢绞线（消除应力钢绞线）、低松弛钢绞线、镀锌钢绞线、环氧涂层钢绞线、模拔钢绞线等。前三者深加工方式与相应的碳素钢钢丝品种基本相同。模拔钢绞线是在捻制成型后，再经模拔处理制成。这种钢绞线内的钢丝在模拔时被压扁，各根钢绞线成为面接触，使钢绞线的密度提高约 18%。在相同截面积时，该钢绞线的外径较小，可减少孔道直径；在相同直径内孔内，可使钢绞线的数量增加，而且它与锚具的接触面较大，易于锚固。

预应力钢绞线的捻距为钢绞线公称直径的 12～16 倍，模拔钢绞线的捻距应为钢绞线公称直径的 14～18 倍。钢绞线的捻向，如无特殊规定，则为左捻，需加右捻应有合同中注明。在拉拔前，个别钢丝允许焊接，但在拉拔中或拉拔后不应进行焊接。成品钢绞线应用砂轮锯切割，切断后应不松散，如离开原来位置，可以用手复原到原位。

钢绞线的规格和力学性能应符合现行国家标准《预应力混凝土用钢绞线》GB/T 5224 的规定。后张预应力结构中常用的钢绞线规格为 1X7 标准型 φ15.2 和 φ12.7 钢绞线。

钢绞线的表面质量要求：（1）成品钢绞线的表面不得带有油、润滑脂等物质，钢绞线表面允许有轻微的浮锈，但不得有目视可见的锈蚀麻坑，钢绞线表面允许存在回火颜色；（2）钢绞线的伸直性，取弦长为 1m 的钢绞线，放在一平面上，其弦与弧的最大自然矢高不大于 25mm。

# 第三节　预应力混凝土用钢筋

## 一、热处理钢筋

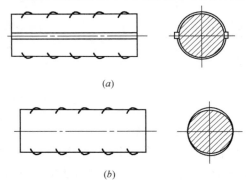

热处理钢筋是由不同热轧中碳低合金钢筋经淬火和回火的调质热处理或轧后控制冷却方法制成。按其螺纹外形，可分为带纵肋和无纵肋两种，见图 3-2。这种钢筋的强度高、松弛值低、粘接性好，大盘卷供货。无需焊接与调直，但易出现匀质性差，主要用于铁路轨枕，也有用于先张法预应力混凝土楼板等。

热处理钢筋的尺寸、化学成分和力学性能，应符合现行国家标准《预应力混凝土用热处理钢筋》GB 4463 的规定。

热处理钢筋盘的内径：当公称直径为 6mm 和 8.2mm 时，大于等于 1.7m；当公称直径为 10mm 时，大于等于 2m。每盘钢筋应由一根钢筋组成，盘重不应小于 60kg。

图 3-2　热处理钢筋
（a）带纵肋热处理钢筋外形；
（b）不带纵肋热处理钢筋外形

## 二、精轧螺纹钢筋

精轧螺纹钢筋是用热轧方法在整根钢筋表面上轧出不带纵肋而横肋为不相连梯形螺纹的一种钢筋，见图 3-3。这种钢筋在任意截面处都能拧上带有内螺纹的连接器进行接长，或拧上特制的螺母进行锚固，无需冷拉与焊接，施工方便，主要用于桥梁、房屋与构筑物

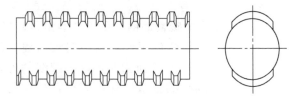

图 3-3　精轧螺纹钢筋

直线筋。

### 三、高强螺纹钢筋

高强螺纹钢筋是采用冷挤压的方式形成连续外螺纹，见图 3-4。与传统的精轧螺纹钢筋相比，高强螺纹钢筋在强度、螺纹精度、锚固回缩、疲劳性能、与混凝土粘结强度等方面都有较大改进，大量应用于桥梁、网架建筑、船坞、隧道及岩土加固等工程建设中。

图 3-4 高强螺纹钢筋

## 第四节 非金属预应力筋

非金属预应力筋是相对预应力钢材而言的，主要指连续纤维增强塑料（CONTINU-OUS FIBERR EINFORCED PLASTICS）。多年来，欧美及日本等国进行了大量的开发研究工作，在材料特性、结构性能和工程试用等方面取得了不少成功。我国也已专门立项开展了 FRP 的研究与应用工作。

FRP 是由多股连续纤维与树脂复合而成，目前主要有以下三个品种：

（1）碳纤维增强塑料 CFRP：它由碳纤维与环氧树脂复合而成。

（2）聚酰胺纤维增强塑料 AFRP：它由聚酰胺纤维与环氧树脂或乙烯树脂复合而成。

（3）玻璃纤维增强塑料 GFRP：它由玻璃纤维与环氧树脂复合而成。

不同的连续纤维，化学成分不同，其力学性能差别很大，相应的 FRP 也表现出很不相同的物理力学性能。

FRP 预应力筋的规格很多，可适应不同的使用要求。CFRP 线材的直径为 $\phi1.5\sim\phi7.0$，绞合线有 1X7、1X19、1X37 等。AFRP 棒材的直径为 $\phi2.6\sim\phi14.7$，绞合线直径为 $\phi9.0\sim\phi14.7$ 等。

FRP 片材主要有碳纤维加固修复用碳纤维片材，按结构形态分为碳纤维布和碳纤维板，需符合现行国家标准《结构加固修复用碳纤维片材》GB/T 21490 的要求。

关于 FRP 预应力筋或板的材料性能、结构构件性能、粘结锚固性能和夹持锚固性能国外已进行了多项研究，表明这是一种很有前途的新型预应力材料。

FRP 预应力材料与高强预应力钢材相比，它有如下特点：

（1）抗拉强度高。CFRP 的破断强度已经和最高级别的预应力钢材不相上下，并且在达到极限抗拉强度前，几乎没有塑性变形。

（2）表观密度小。FRP 的密度仅为钢材密度的 1/4 左右，节省材料，施工轻便。

（3）耐腐蚀性良好。可用于水工、港口及其他腐蚀性环境中。

（4）膨胀系数与混凝土相近，温度影响小。

其他特点有非磁性、耐疲劳、能耗低，但也有不足之处，比如弹性模量低、极限延伸率差、抗剪强度低、成本高、造价高。

随着研究工作的深入和工程实践经验的积累，FRP 预应力筋将发挥越来越重要的作用。

FRP 与钢筋、钢丝的力学性能比较　　　　　　　　表 3-1

| 品种 | 表观密度（t/m³） | 弹性模量（MPa） | 抗拉强度（MPa） | 极限应变（%） |
|---|---|---|---|---|
| 普通钢筋 | 7.85 | 210000 | 400 | 10.0 |
| 高强钢丝 | 7.85 | 200000 | 1800 | 4.0 |
| CFRP | 2.00 | 51000 | 1670 | 3.3 |
| CFRP | 1.50 | 150000 | 1700 | 1.1 |
| AFRP | 1.30 | 64000 | 1610 | 2.5 |

## 第五节　预应力筋的其他形式

　　用于后张预应力混凝土结构中的预应力筋根据其施工工艺或深加工工艺的不同，又可分为：有粘结预应力筋、缓粘结预应力筋、无粘结预应力筋和体外预应力筋。预应力钢绞线的深加工产品还有环氧涂层钢绞线。下面介绍应用较广的无粘结预应力筋、斜拉索和环氧涂层钢筋的产品工艺、特点和要求。

### 一、无粘结预应力筋

　　用于制作无粘结筋的钢材由 7 根 5mm 或 4mm 的钢丝捻合而成的钢绞线或 7 根直径 5mm 碳素钢丝束，其质量应符合现行国家标准的要求。无粘结预应力筋的制作，采用挤压涂塑工艺，外包聚乙烯或聚丙烯套管，内涂防腐建筑油脂，经过挤出成型机后，塑料包裹层一次成型在钢绞线或钢丝束上。

　　无粘结预应力筋的涂料层应具有良好的化学稳定性，对周围的材料无侵蚀作用；不透水、不吸湿、抗腐蚀性能强；润滑性能好、摩擦阻力小；在规定温度范围内高温不流淌、低温不变脆，并有一定的韧性。无粘结预应力筋专用防腐润滑油脂的技术要求见现行《无粘结预应力筋用防腐润滑脂》JG/T 430。

　　无粘结预应力筋的护套材料，宜采用高密度聚乙烯，有可靠实践经验时，也可采用聚丙烯，不得采用聚氯乙烯。护套材料应具有足够的韧性、抗磨和抗冲击性，对周围材料应无侵蚀作用，在规定的温度范围内，低温不脆化，高温化学稳定性好。

　　目前有 $\phi j12$、$\phi j15$ 钢绞线及 $7\phi s5$ 高强钢丝束三种规格的无粘结预应力筋。

　　无粘结筋用钢绞线、钢丝在成型中每根钢丝应为通长，严禁有接头、死弯，如有，必须切断。塑料使用前必须烘干或晒干，避免成型过程中由于气泡而引起塑料表面开裂。涂料层和成型管壁厚度要均匀，套管壁厚一般为 0.8～1.2mm，并通过调整各项工艺参数以保证成型塑料层与涂油预应力筋之间有一定的间隙，使涂油预应力筋能在塑料套管中任意滑动，涂料层油脂应充分饱满，沿预应力筋全长连续，达到减少张拉摩擦损失的目的。

　　无粘结预应力筋在成品堆放期间，应按不同的规格分类成捆、成盘，挂牌整齐，堆放在通风良好的仓库中；露天堆放时，严禁放置在受热影响的场所，应搁置在支架上，不得直接与地面接触，并覆盖雨布。在成品堆放期间严禁碰撞、踩压。

　　钢绞线无粘结预应力筋应成盘运输，碳素钢丝束无粘结预应力筋可成盘或直条运输。

在运输、装卸过程中，吊索应外包橡胶、尼龙带等材料，并应轻装轻卸，严禁摔掷，或在地上拖拉，严禁锋利物品损坏无粘结预应力筋。

## 二、斜拉索

### 1. 制作工艺

斜拉索是用于斜拉桥、系杆拱桥、桅塔、屋盖、大型管道越江工程等各类索结构工程的拉索，也可用于桥梁、房屋结构作为体外预应力索。这种拉索的结构为：把若干根高强钢丝采用同心绞合方式一次扭绞成型，绞合角度为 $2°\sim4°$。扭绞后在钢索上热挤防护层，拉索进行精确下料后两端加装冷铸锚具或热铸锚具进行预张拉，最后拉索以成盘或成卷方式包装。根据护层材料的不同，斜拉索又分为下面三种：

PE 即黑色高密度聚乙烯护层；

PE+PU 即在聚乙烯层的外面再挤裹一层彩色聚氨酯护层；

PE+PE 即在聚乙烯层的外面挤上一层彩色聚乙烯。

### 2. 性能要求

斜拉索产品技术及性能如下：

抗拉强度：拉索整体静载破断索力不小于拉索公称破断索力的 95%；

破断延伸率：$\geqslant2\%$；

弹性模量：$\geqslant1.90\times10^5\text{MPa}$；

预拉载荷：$0.45\sim0.65$ 倍标准破断载荷；

锚板回缩值：$\leqslant6\text{mm}$；

索长误差 $\Delta L$：索长 $L\leqslant100\text{m}$ 时，$\Delta L\leqslant20\text{mm}$；索长 $L>100\text{m}$ 时，$\Delta L\leqslant0.0002L$；

抗疲劳性能：应力上限 $0.40\sigma_b$，应力下限为 $0.28\sigma_b$，经 $2.0\times10^6$ 次脉冲加载后，钢丝破断根数不大于索中钢丝总数的 5%。

拉索产品主要技术参数见《斜拉桥热挤聚乙烯高强钢丝拉索技术条件》GB/T 18365。

## 三、涂层钢筋和涂层钢绞线

以前人们普遍认为钢材只有暴露在大气中，或在腐蚀介质之中才发生锈蚀，在钢筋混凝土中的钢筋是不会锈蚀的，其实钢筋混凝土中的混凝土总有一些缝（孔）隙可以让水或其他腐蚀介质进入，引起混凝土中的钢筋锈蚀。由于锈蚀产生的氧化铁皮体积要膨胀几十倍，导致混凝土开裂，保护层剥落，使钢筋直接暴露在大气、水及其他腐蚀介质中，腐蚀速度加快，直至建筑物未到设计使用年限而提前破坏。这种现象在沿海地区和化工企业中较为普遍。我国北方地区，冬季下雪后，道路桥梁上喷洒盐水化雪，盐水的腐蚀作用强，因此市内的道路破坏较严重。

螺纹钢筋及预应力钢绞线的防腐技术有许多种类，如镀锌、涂塑、涂环氧有机涂层等。相比之下，涂环氧有机涂层防腐性能好，工艺简单，对环境无污染，大批生产成本较低，因此得到迅速发展。

环氧树脂粉末如何均匀涂到钢筋、钢绞线的表面上，并使它具有一定的强度和韧性呢？工程技术人员经过多年的研究，通过试验来检验涂环氧树脂的钢绞线、钢筋的耐腐蚀性和涂层的粘结力，使涂层工艺日趋完善；同时，不断改进环氧树脂粉末的配方，提高粉末的强度和韧性，以此确保涂后的钢筋、钢绞线有牢固的涂层，有较强的耐蚀性。

**1. 螺纹钢筋的环氧涂层工艺**

目前螺纹钢筋环氧涂层工艺有两大类：一种是先涂后弯工艺，该工艺是将定长的螺纹钢筋先涂上环氧树脂粉末，然后根据工艺需要，剪切成不同的长度，弯成各种需要的形状；另一种是先弯后涂工艺，该工艺是先把螺纹钢筋弯成按工程要求的形状，然后涂上环氧树脂涂层。

这两种工艺的流程及所用的设备基本相同。先涂后弯工艺应用时间较长，比较普遍，生产效率较高，自动化程度也较高。先弯后涂工艺是近几年来发展起来的，涂层质量较好，其工艺还在不断完善之中。

螺纹钢筋的环氧涂层质量好坏关键是能否严格按要求通过各道流程，特别是抛丸除锈工序更为重要，这道工序的作用一是除锈，二是打毛，即在钢筋表面制造毛糙表面，以利于钢筋与树脂粉末粘结。同时还要把钢筋表面的浮灰清除干净，使环氧粉末与钢筋本体间无任何杂质，保证涂层质量。涂后的螺纹钢筋在运输、储存等方面均不同于普通钢筋，要避免强烈的碰撞、摩擦等，以保证涂层不受破坏。

**2. 预应力钢绞线的环氧喷涂工艺流程**

环氧喷涂预应力钢绞线是把捻制好的，经检验各项性能指标均符合标准的预应力钢绞线作母体，涂上环氧粉末而得到的。其喷涂方式有两种，一种为外包式，即在成品钢绞线的外表涂包一层环氧树脂层；另一种为填充式，它是除钢丝外表面有环氧树脂涂层外，各钢丝之间也填有环氧树脂。涂层表面状况可以是光滑或粗糙的。粗糙的涂层是在环氧涂层加一定量的石英砂之类不活泼颗粒，以增加涂层钢绞线和混凝土的握裹力。

预应力钢绞线的环氧涂层工艺流程如下：

上料→开卷放线→化学清洗或其他清洗→加热→静电喷涂→固化→水冷→针孔及涂层粘结力试验→收卷→入库

据有关资料介绍，美国每年因钢材腐蚀造成的损失达700亿美元之多，每年用于州际高速公路桥梁的维修费用需10亿美元。美国政府为了延长建筑物的寿命，降低维修费用，鼓励采用涂有环氧树脂粉末的螺纹钢筋，这就推动了钢筋涂层技术的不断发展。目前，涂层螺纹钢筋广泛用于铁路、公路桥梁，高层建筑的地下室、地下停车场，海港码头、水坝、海洋石油平台、化工厂房、污水处理池等处。美国目前涂层螺纹钢筋的使用，在桥梁方面占钢筋总用量的70%～80%，在其他建筑方面占总量的6%～7%。在美国钢筋生产总量中约有20%左右是涂层螺纹钢筋。

涂有环氧树脂涂层的预应力钢绞线的运用也越来越多，由于其在防腐性能方面具有较大优势，涂有环氧树脂涂层的预应力钢绞线在工程的运用将会越来越广泛。

# 第六节　预应力钢材的订购与存放

预应力钢材应由专业厂家生产，质量要求达到国家标准。

预应力钢材一般成盘供应，其中钢绞线一般成卷交货，无轴包装，每盘（卷）应捆扎结实，经双方协议，可加防潮纸、麻布等材料包装。订货时除要求其力学性能外，还可以对预应力筋盘重、直径公差、长度等具体指标提出要求，以满足工程需要。

预应力钢材进场后应立即按供货组批进行抽样检查，每一合同批应附有质量证明书，其中应注明：供方名称、地址和商标、规格、强度级别、需方名称、合同号、产品标记、质量、件数、执行标准号、试验结果、检验出厂日期、技术监督部门印记，检查合格后，应将预应力筋存放在通风良好的仓库中。露天堆放时，应搁置在方木支架上，离地高度不小于200mm。钢绞线堆放时支点数不得少于4个，方木宽度不少于100mm，堆放高度不多于3盘。无粘结筋堆放时支点数不少于6个，垫木宽度不少于300mm，码放层数不多于2盘。预应力筋存放应按供货批号分组、每盘标牌整齐，上面覆盖防雨布。预应力筋吊运应采用专用支架，三点起吊。

## 第七节　预应力钢材的检验

预应力钢材出厂时，在每捆（盘）上都要求挂标牌，并附出厂质量证明书。预应力钢材进场时，按下述规定验收。

### 一、预应力混凝土用钢丝检验

**1. 组批规则**

钢丝应成批检查和验收，每批应由同一牌号、同一规格、同一加工状态的钢丝组成，每批质量不大于60t。

**2. 检验项目**

（1）外观检查

钢丝外观应逐盘验收，钢丝表面不得有裂缝、小刺、劈裂、机械损伤、氧化铁皮和油迹，但表面允许有浮锈和回火色。钢丝直径检查按10％盘选取，但不得少于6盘。

（2）力学性能试验

钢丝外观检查合格后，从每批中任意选取10％盘（不少于6盘）的钢丝，从每盘钢丝的两端各截取一个试样，一个做拉伸试验（抗拉强度与伸长率），一个做反复弯曲试验。

**3. 结果判定**

如有某一项试验结果不符合现行国家标准《预应力混凝土用钢丝》GB/T 5223的要求，则该盘钢丝为不合格品；并从同一批未经试验的钢丝盘中再取双倍数量的试样进行复试（包括该项试验所要求的任一指标）。如仍有一个指标不合格，则该批钢丝为不合格品或逐盘检验取用合格品。

钢丝屈服强度检验，按2％盘数选取，但不得小于3盘。

### 二、预应力混凝土用钢绞线检验

**1. 组批规则**

预应力钢绞线应成批验收，每批应由同一牌号、同一规格、同一生产工艺制成的钢丝组成，每批重量不大于60t。

**2. 检验项目**

从每批钢绞线中任取3盘，进行表面质量、直径偏差、捻距和力学性能试验。屈服强度和松弛试验每季度由生产厂抽验一次，每次不少于一根。

### 3. 伸长率检验方法

钢绞线伸长率的测量方法：在测定伸长为 1％ 时的负荷后，卸下引伸计，量出试验机上下工作台之间的距离 $L_1$，然后继续加荷直至钢绞线的一根或几根钢丝破坏，此时量出上下工作台的最终距离 $L_2$，$L_2-L_1$ 值与 $L_2$ 比值的百分数加上引伸计测得的百分数，即为钢绞线的伸长率。如果任何一根钢丝破坏之前，钢绞线的伸长率已达到所规定的要求，此时可以不继续测定最后伸长率。如因夹具原因产生剪切断裂，所得最大负荷及延伸未满足标准要求，试验是无效的。

检验结果判定：从每盘所选的钢绞线端部正常部位取一根试样进行试验。试验结果如有一项不合格时则不合格盘报废。如仍有一项不合格，则该批判为不合格品。

## 三、预应力混凝土用钢筋检验

### 1. 组批规则

预应力混凝土用钢筋应成批检查及验收。每批由同一外形截面尺寸、同一热处理工艺和同一炉号的钢筋组成，每批重量不大于 60t。公称容量不大于 30t 炼钢炉冶炼的钢轧成的钢材，允许相同钢号组成的混合批，但每批不得多于 10 个炉号。各炉号间钢的含碳量差不大于 0.02％，含锰量差不得大于 0.15％，含硅量差不得大于 0.20％。

### 2. 检验项目及判定

（1）外观检验

从每批钢筋中选取 10％ 盘数（不少于 25 盘）进行表面质量与尺寸偏差检查。钢筋表面不得有裂纹、结疤和折叠，钢筋表面允许有局部凸块，但不得超过螺纹筋的高度。钢筋尺寸应用卡尺测量并应符合现行国家标准《预应力混凝土用热处理钢筋》GB 4463 标准。如检查不合格，则应将该批钢筋进行逐盘检查。

（2）拉伸试验

从每批钢筋中选取 10％ 盘数（不少于 25 盘）进行于拉伸试验。如有一项不合格，则该批不合格，且该不合格盘报废。再从未试验过的钢筋中取双倍数量的试样进行复验，如仍有一项不合格，则该批判为不合格品。但供方可以重新分类，作为新的一批提交验收。

## 四、预应力筋的见证取样检验制度

预应力筋应按验收批量的 10％（不少于 2 批）做监理或其他委托方的见证取样抽检，抽样试件应到有见证试验资格的试验室实验，见证取样可代替该批的进场抽检。

# 第四章　预应力锚固体系及验收标准

预应力锚固体系通常根据锚固预应力筋的不同分为钢绞线锚固体系、钢丝束锚固体系、钢筋束体系及粗钢筋体系等。目前各地区的不同厂家，研制出不同型号的锚固体系。预应力筋用锚具、夹具和连接器按锚固方式不同，可分为夹片式、支承式、锥塞式和握裹式四种，其中夹片式锚具指单孔和多孔夹片锚具，支承式包含镦头锚具、螺丝端杆锚等，锥塞式指钢质锥形锚，握裹式包含挤压锚具、压花锚具等。

## 第一节　钢绞线锚固体系

预应力钢绞线由于强度高、弯曲成盘运输方便、施工方便等优点，应用最为广泛，钢绞线锚固体系种类较多。

我国 1984 年将钢绞线预应力张拉锚固体系的研究列入科学开发计划，经过几年的研制、试用，1987 年前后成功推出了 XM 和 QM 两种锚固体系，填补了国内空白。随后 OVM 体系研制成功，使我国的预应力张拉锚固技术得到了迅速发展，产品不断完善，目前已达到国际先进水平，并已大量出口国外。

### 一、圆形张拉端夹片式锚具

夹片式圆锚锚具主要由锚板和夹片组成，锚板为圆形，其上有一个或多个锥孔，与夹片配合，利用锥孔的楔紧原理将钢绞线锚固。同时，配套锚垫板和螺旋筋为锚下承载件，在预制结构时埋入混凝土中，将巨大的预应力传递到结构上。这种锚具的优点是钢绞线束的锚固根数可以在 1～55 根范围内任意选择，给选用不同的预应力吨位提供了很大的方便，另外，由于各个锚固单元独立工作，相互影响很小，所以一根钢绞线发生故障不会导致整束预应力失效。这种锚固体系在国内外运用最为广泛，常用的有 OVM、QM 等锚固体系。

在我国工程上运用较广的 OVM 锚固体系是在借鉴国内外锚具的基础上研制成功的一系列高性能锚具，能可靠夹持标准强度 2000MPa 及以下级别的 $\phi12.7$、$\phi12.9$、$\phi15.2$、$\phi15.7$ 的钢绞线，对于 $\phi17.8$、$\phi21.8$、$\phi28.6$ 等多种规格的钢绞线也有配套锚具。OVM 型锚固体系具有良好的自锚性能，无需顶压器，可适用国内外多种不同强度、不同规格的钢绞线。目前，OVM 年产量达 3600 万孔，是亚太地区最大的锚具生产企业。圆形夹片式锚具主要由工作锚板、工作夹片、锚垫板、螺旋筋等组成，如图 4-1 所示。

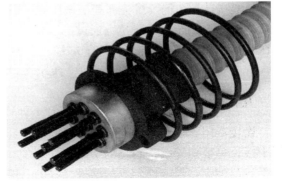

图 4-1　圆形夹片式锚具组成

夹片原材料为 20CrMnTi，内孔开有倒锯齿形齿，表面经过碳氮共渗热处理，确保夹片齿能咬紧钢绞线，锚板材料为 45Cr 或 40Cr，工作锚板的硬度不超过 32HRC，确保锚板不会炸裂。锚垫板采用整体铸造，将端头垫板和喇叭筒铸成整体，可解决混凝土承受的大吨位局部压力及预应力孔道与端头垫板垂直的问题，锚垫板上还设有灌浆孔和安装孔。

### 二、扁形张拉端夹片式锚具

扁形张拉端夹片式锚具由扁形锚板、夹片、扁形锚垫板及螺旋筋组成，如图 4-2 所示。扁锚的优点：将预应力钢绞线布置成扁平放射状，可使张拉构件厚度减薄，钢绞线单根张拉，施工方便，这种锚具特别适用于简支 T 梁、空心板、城市低高度箱梁以及桥面横向预应力等。

### 三、固定端 H 型压花锚具

当需要将张拉力传递到混凝土中时，可以采用 H 型锚具作为固定端。它包括带梨形自锚头的一段钢绞线、支撑梨形自锚头的钢筋支架、螺旋筋、约束圈和金属波纹管或塑料波纹管等，钢绞线梨形自锚头采用专用的 YH3 型压花机挤压成形。结构形式如图 4-3 所示。

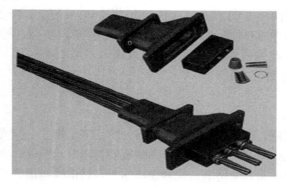
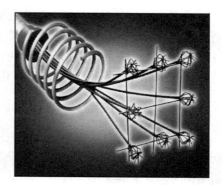

图 4-2　扁形张拉端夹片式锚具　　　　　图 4-3　固定端 H 型压花锚具

### 四、固定端 P 型挤压锚具

P 型锚具是在钢绞线头部套上挤压套，通过专用机具挤压，使挤压套产生塑性变形后握紧钢绞线，钢绞线的张拉力通过挤压套由专用垫板传递给构件。它主要包括挤压头（含挤压套和挤压簧）、螺旋筋、固定端锚板、约束圈，P 型锚具在施工中用作固定端，需预埋入混凝土结构中。其结构如图 4-4 所示。

### 五、连接器

连接器用于连续构件的预应力筋的接长，有单根、多根和扁形三种形式。单根连接器用于接长单根钢绞线，两端均采用夹片连接；多根和扁形连接器用于接长钢绞线束，通常用于连续梁中，是一种带翼的锚板，它的一端支承在原锚垫板上，另一端设置夹片，即可按常规方法张拉钢绞线束，并予以锚固。在每根接长钢绞线的端部加上 P 型挤压头，并

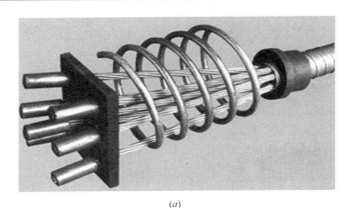

(a)

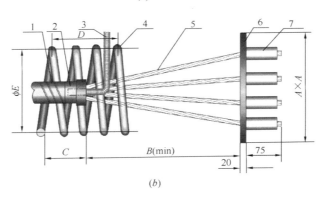

(b)

图 4-4 固定端挤压 P 型锚具

1—波纹管；2—约束圈；3—排气管；4—螺旋筋；5—钢绞线；6—固定端锚板；7—挤压头

将它与钢绞线逐根挂入连接器的翼板内，完成钢绞线束的接长。连接器主要由连接体、保护罩、约束圈、夹片等组成，其结构如图 4-5 所示：

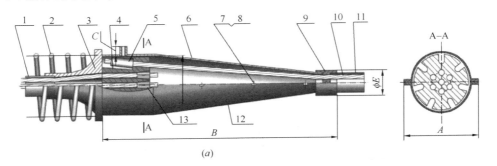

(a)

图 4-5 多孔和单孔连接器（一）

1—波纹管；2—螺旋筋；3—锚垫板；4—连接体；5—挤压头；6—保护罩Ⅰ；7—六角螺栓；
8—六角螺母；9—约束圈；10—钢绞线；11—波纹管；12—保护罩Ⅱ；13—夹片

## 六、特殊锚具

### 1. 低回缩量锚具

低回缩量锚具是针对短预应力束锚具张拉放张回缩量过大，导致其有效永存预应力损失大

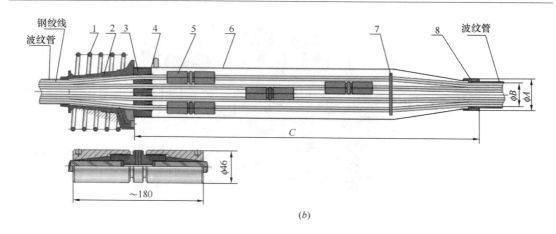

(b)

图 4-5  多孔和单孔连接器（二）

1—螺旋筋；2—锚垫板；3—工作锚板；4—工作夹片；5—单孔连接器；

6—保护罩；7—分丝板；8—约束圈

而专门研究开发的一种低回缩高效率的预应力锚具。低回缩量锚具通过螺纹配合和二次张拉工艺，保证张拉放张回缩量小于等于 1mm，广泛应用于大跨度预应力混凝土连续梁、连续钢构等桥梁的竖向预应力结构，铁路梁横向预应力结构，斜拉桥桥塔周向、横向预应力结构，边坡锚固及其他各种较短预应力束结构中。其结构形式如图 4-6 所示，实物如图 4-7 所示。

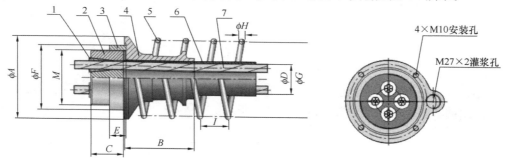

图 4-6  低回缩量锚具结构示意图

1—工作夹片；2—锚板；3—螺母；4—锚垫板；5—螺旋筋；6—波纹管；7—钢绞线

图 4-7  低回缩量锚具实物

**2. 环向预应力锚具**

环向预应力锚具是在同一块开有数目相同但锥孔方向相反的锚板上，通过变角张拉装置（偏转器），利用夹片将钢绞线的首尾锚固在该锚板上。通过钢绞线张拉变形挤压管道壁，使结构环受到径向分布的挤压力和切向拖曳力，从而使结构截面形成环形预应力。该锚具常用于水电站压力引水隧洞、排砂洞的预应力混凝土衬砌结构和大型污水池等环形预应力结构的锚固。其结构形式如图 4-8 所示。

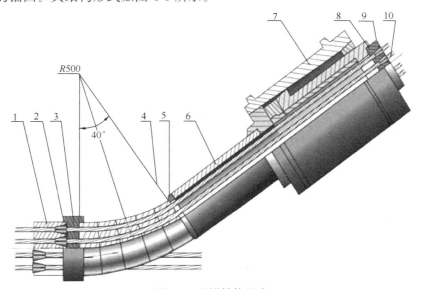

图 4-8　环锚结构示意

1—环锚板；2—工作夹片；3—限位板；4—偏转器；5—过渡块；
6—延长筒；7—千斤顶；8—工具锚板；9—工具夹片；10—钢绞线

**3. 防松锚具**

防松锚具是在普通张拉端锚具的基础上，增加有夹片防松装置，由压板和装在每个锚固单元夹片后端的碟式弹簧垫片及空心螺栓组成，压板通过螺栓紧固在锚板上，空心螺栓穿过压板上所开通孔顶紧碟式弹簧垫片和夹片，碟式弹簧垫片利用自身的弹力顶紧夹片，每个锚固单元夹片均受到一个向锚板孔压紧的作用力，保证每个锚固单元锚固安全可靠，并实现每个锚固单元夹片所受压紧力及位移单独可调，能有效防止由各种原因引起的夹片松动现象发生，从而在低应力值、高应力幅动载工况下锚固更加安全可靠，并保持夹片有效跟进。同时，也可用于竖向预应力束下端的夹片式锚具，保证夹片对钢绞线的有效夹持。其结构如图 4-9 所示。

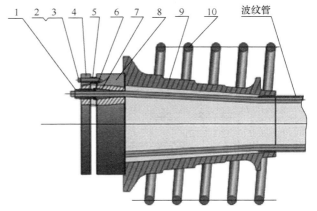

图 4-9　防松锚具示意

1—空心螺栓；2—螺钉；3—垫圈；4—压板；5—垫套；6—碟簧；
7—工作夹片；8—工作锚板；9—锚垫板；10—螺旋筋

## 第二节　钢丝束锚固体系

钢丝束锚固体系，主要解决以高强度钢丝束为预应力筋的张拉锚固问题。我国自 20 世纪 60 年代以来，在铁路、公路桥梁及其他一些工程上运用，由于结构简单、价格低廉，至今一些工程上还在使用。用于钢丝束锚固的锚具，主要有镦头锚具和钢质锥形锚具（弗氏锚）。

### 一、钢丝束镦头锚具

在镦头张拉锚固体系中，是把预应力筋的端头部分在常温状态下镦粗成型后挂在锚具上锚固的。这种锚具加工简单、张拉方便、锚固可靠、成本低廉，还可节约两端伸出的预应力钢丝，但对钢丝的等长下料要求较严，也较费人工。这种锚具可以和拉杆或使用拉杆撑脚的穿心式千斤顶组合，进行后张法或先张法施工。高强钢丝和低碳冷拔钢丝镦头锚固在各种预应力技术的发展中占据很重要的地位。高强和中强钢丝、低碳冷拔钢丝都在常温下镦头，高强钢丝使用液压镦头器镦头。钢丝束镦头锚固体系分为张拉端锚具和固定端锚具。

**1. 张拉端锚具**

钢丝束镦头锚固体系的张拉端锚具根据其使用方式的不同，可以分为锚杯型镦头锚具、锚环型镦头锚具和锚板型镦头锚具。

（1）锚杯型镦头锚具

锚杯型镦头锚具由锚杯与螺母组成，见图 4-10。锚孔布置在锚杯的底部，灌浆孔设在杯底的中部。张拉前，锚杯缩在预留孔道内，张拉时将张拉杆拧在锚杯内螺纹上，将钢丝束拉出来用螺母固定。这种锚具最为常见，但在构件端部要留扩大孔。

（2）锚环型镦头锚具

锚环型镦头锚具由锚环与螺母组成，见图 4-11。这种锚具与锚杯型锚具不同点是锚孔布置在锚环上，且内螺纹穿通，以便于孔道灌浆，主要用于小吨位钢丝束的张拉。

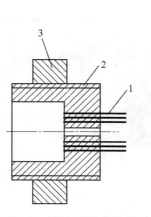

图 4-10　锚杯型镦头锚具
1—钢丝；2—锚杯；3—螺母

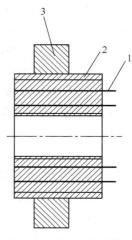

图 4-11　锚环型镦头锚具
1—钢丝；2—锚环；3—螺母

（3）锚板型镦头锚具

锚板型镦头锚具由带外螺纹的锚板和半圆形垫片组成，见图4-12。张拉前，锚板位于构件端头。张拉时，利用工具式连接头拧在锚板的外螺纹上，将钢丝束拉出来用半圆形垫片固定。这种锚具主要用于短束。

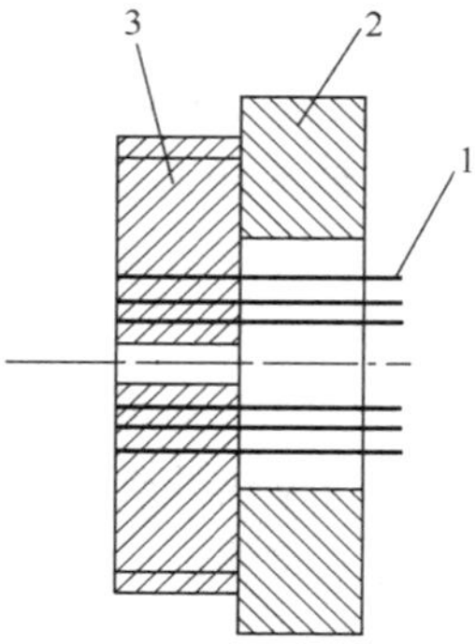

**2. 固定端锚具**

钢丝束镦头锚固体系的固定端锚具根据其使用方式的不同，可以分为镦头锚板、带锚芯的镦头锚板及半粘结锚具。

（1）镦头锚板

镦头锚板是结构最简单，最常用的镦头锚固定端锚具，其结构如图4-13所示。

（2）带锚芯的镦头锚板

带锚芯的镦头锚板又称活动锚板，见图4-14，它将锚板分成锚芯和螺母两部分以便于镦头穿束。

图 4-12　锚板型镦头锚具
1—钢丝；2—半圆环垫板；
3—带螺纹的锚板

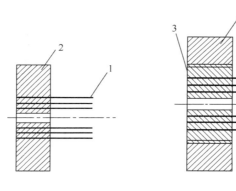

图 4-13　镦头锚板
1—钢丝；2—锚板

图 4-14　带锚芯的镦头锚板
1—钢丝；2—螺母；3—锚芯

（3）半粘结锚具

半粘结锚具是埋在混凝土中部分靠粘结、部分靠锚板分散应力的锚具，见图4-15，

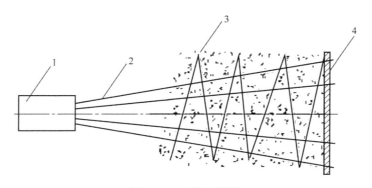

图 4-15　半粘结锚具
1—波纹管；2—钢丝；3—螺旋筋；4—锚板

据试验数据分析，当钢丝的锚固长度大于等于 50cm 时，粘结部分可承担钢丝抗拉强度的 10%～20%，其余由锚板承担。

**3. 镦头锚连接器**

钢丝束的接长，可采用钢丝束连接器，镦头锚连接器是一个带内螺纹的套筒或带外螺纹的连杆。

设计镦头锚具时，应考虑以下几点：

材料及热处理选择：为保证锚具的综合性能，常常使用 45 号优质碳素钢进行调质处理，这不仅保证了优良的机械性能，还提供了热处理后的良好可加工性。

锚具上钢丝的孔间距应能保证镦头之间不相干涉，因此，对 $\phi 5$ 高强钢丝而言，孔中距不应小于 8mm，对 $\phi 7$ 高强钢丝而言，孔中距不应小于 11mm。

对镦头锚具加工要求：

(1) 镦头锚采用 45 号优质碳素钢经热处理制成，不得选用低质材料代替。

(2) 配合螺纹精度，螺孔不得低于 7H，要有互换性。

(3) 锚具各孔分布应均匀，避免镦头后安装时发生干扰。

## 二、钢质锥形锚具

钢质锥形锚具（又称弗式锚具）如图 4-16 所示，它是由锚环及锚塞组成。预应力钢丝张拉以后，由千斤顶将锚塞顶入锚环，径向分力使锚塞牙卡住钢丝。当千斤顶卸荷时，钢丝弹性回缩带动锚塞进入锚环。由于楔形原理，越楔越紧，径向分力越大，使锚塞与钢丝间不产生滑移。

对钢质锥形锚具的几何尺寸、锥角、材料及热处理硬度，在加工过程中要严格控制，否则就容易出现锚不住滑丝现象。

钢质锥形锚具回缩为 5～8mm。张拉时采用 YZ85 千斤顶。

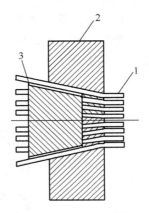

图 4-16　钢质锥形锚
1—钢丝束；2—锚环；3—锚塞

# 第三节　粗钢筋锚固体系

目前一些房屋建筑工程和道路桥梁工程中，采用冷拉Ⅱ、Ⅲ级钢筋及精轧螺纹钢筋为预应力筋，对其锚具介绍如下：

## 一、螺丝端杆锚具

螺丝端杆锚具如图 4-17 所示。

螺丝端杆锚具主要使用于后张法、先张法预应力混凝土结构或构件、锚固 36mm 以下的冷拉Ⅱ、Ⅲ级钢筋。螺丝端杆与预应力钢筋对焊后的强度，不得低于预应力筋实际抗拉强度。螺丝端杆锚具，一般根据张拉力来选用拉杆式千斤顶或穿

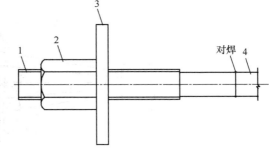

图 4-17　螺丝端杆锚具
1—螺丝端杆；2—螺母；3—垫板；4—预应力钢筋

心式千斤顶进行张拉施工。

螺丝端杆锚具，应按规定的技术要求进行生产：

（1）制作锚具的材料按设计图纸规定选用。材料应有化学成分和机械性能合格证明，无证明书时，需按国家标准进行质量检验，质量合格后方可投料生产。

（2）螺丝端杆锚具的加工尺寸、螺纹精度、表面粗糙度、热处理等均应符合图纸规定。

（3）螺丝端杆材料为 45 号优质碳素钢。当采用冷拉时，其机械性能经试验不应低于被拉钢筋。外螺纹顶径公差带应符合国际《公差与配合》GB 1801《产品几何技术规范（GPS）　极限与配合　公差带和配合的选择》GB/T 1801 的 6e 要求，保证在张拉力作用下产生伸长变性后，能自由旋合。

（4）螺母材料为 A3. 内螺纹中径和大径公差带应符合现行国家标准的 7H 要求。

（5）凡首次生产、改变材料或变更加工工艺时，螺丝端杆应按如下规定进行检验：

1）抗拉伸长率和极限强度检验：每批随机选取 3 根试件在拉力试验机上进行拉力试验，试件面积以螺纹底径面积和光圆面积中的小值为准。

2）硬度检验：按生产批量的 10％（但不小于 3 件）随机抽样，每个试件测量 3 点，取平均值，允许 1 点超差。

（6）在大批生产时，可以以 1000 件为一批，抽取 3 个试件在拉力试验机上进行拉力试验。在小批生产时，每批（以一次投料，同一热处理工艺操作为一批）抽取 3 个试件在拉力试验机上进行拉力试验。

（7）当拉力试验不合格时，应随机重新抽取 6 个试样，再进行检验。如全部合格，则本批产品合格；如有 1 件不合格，可以查明原因重新回火进行调整，之后重新取样检验，也可以对本批产品进行逐件检查，取得合格品。

（8）螺丝端杆与预应力冷拉钢筋的对焊，应在冷拉前进行。对焊接头的毛刺应在穿入孔道之前修除，以免影响预应力冷拉钢丝的穿入和张拉。对焊接头质量符合《钢筋焊接及验收规程》JGJ 18 的规定。

（9）对焊后的预应力筋冷拉时，应以垫铁调整螺母的位置，使它位于螺丝端杆的端部，拉力作用在螺丝端杆的全长。冷拉后，螺丝端杆和钢筋不得发生塑性变形。在对焊、冷拉、运输、穿入孔道、安装千斤顶等操作中，必须注意保护螺丝端杆上的螺纹，防止碰伤、烧伤。

（10）锚具垫板上应设有排气孔。

螺丝端杆长度要随构件长度变化增减，端杆上的光圆部分，考虑到焊扣夹持，一端为 120mm，端杆螺纹长度可按下式计算：

$$L_1 = \Delta l + 2H + h + (50 - 80)$$

式中：$\Delta l$——预应力筋张拉伸长值（mm）；

$H$——螺母高度（mm）；

$h$——垫板高度（mm）。

## 二、精轧螺纹钢锚具和连接器

精轧螺纹钢锚具和连接器是锚固和连接精轧螺纹钢的预应力体系。目前在桥梁及建筑工程中应用，尤其是多用于预应力筋较短的桥梁中竖向筋的锚固和连接。由于这种钢筋整根都轧有规则的非完整的外螺纹，使用时可在钢筋纵长任意截面处拧上螺母进行锚固，这种体系具有连接与锚固简单、安全可靠、施工方便等优点，还避免了高强钢筋焊接难的问题。使用 YCW60B 穿心式千斤顶张拉较为方便。

**1. 锚具**

精轧螺纹钢筋的锚具由螺母和垫板组成。螺母分为平面螺母和锥形螺母两种，垫板也相应地使用平面垫板和锥面垫板。锥形螺母可通过锥体与锥形垫板的锥孔配合，便于预应力筋正确对中，螺母上开缝，其作用是增强螺母对预应力筋的夹持能力，但加工较麻烦，费用较高。目前常用的平面螺母与平面垫板的外形构造如图 4-18 所示，在垫板的底面，应开设排气槽。

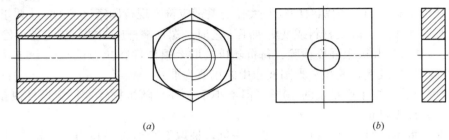

(a)                                        (b)

图 4-18　精轧螺纹钢锚具螺母及垫板
(a) 精轧螺纹钢螺母；(b) 精轧螺纹钢垫板

**2. 连接器**

精轧螺纹钢筋用连接器的构造如图 4-19 所示。连接器的材料采用 45 号钢，其屈服荷载和破坏荷载不应小于钢筋的屈服荷载和破坏荷载，并应有一定的储备。连接器的抗剪破坏有两种失效形式：一是连接器螺纹的抗剪破坏；另一种是连接器端头截面过小，虽能满足抗拉要求，但刚度不足时，在拉力作用下因精轧螺纹钢的螺纹不连续，在水平方向无螺纹，对连接器内壁无支承力，因而产生内向变形，使得连接器端部变成椭圆形，丧失与精轧螺纹钢的配合，会使钢筋从连接器中滑脱。

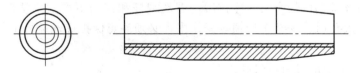

图 4-19　精轧螺纹钢筋用连接器

# 第四节　锚、夹具验收标准

20 世纪 70 年代以后，国际上对预应力混凝土工程使用的锚、夹具标准提出了明确的要求。1972 年，国际预应力混凝土协会（FIP）颁布了第一个《后张拉预应力体系验收建议》，以后各技术先进国家参考制定或修改了有关预应力混凝土用锚、夹具的技术标准。1993 年 6 月，国际预应力混凝土协会颁布了第三次《后张拉预应力体系验收建议》，在新建议中，对预应力筋和锚具组装件性能要求，对性能试验的操作有更为科学、具体的阐述和规定。国际预应力混凝土协会颁布了第三次《后张拉预应力体系验收建议》后，我国根据该建议对《预应力筋用锚具、夹具和连接器》GB/T 14370—1993 进行了二次修订，目前，我国各类锚具都应达到国家标准《预应力筋用锚具、夹具和连接器》GB/T 14730—2007 的要求。

## 一、技术性能要求

### 1. 锚具

锚具、夹具和连接器都应具有可靠的锚固性能、足够的承载能力和良好的适用性，以保证充分发挥预应力筋的强度，并安全地实现预应力张拉作业。

（1）锚具的静载锚固性能，应由预应力筋-锚具组装件静载试验测定的锚具效率系数 $\eta_a$ 和达到实测极限拉力时预应力筋的总应变 $\varepsilon_{apu}$ 确定。锚具效率系数 $\eta_a$ 按下式计算：

$$\eta_a = \frac{F_{apu}}{\eta_p F_{pm}}$$

式中　$F_{apu}$——预应力筋-锚具组装件的实测极限拉力；

$F_{pm}$——按预应力筋钢材试件实测破断荷载平均值计算的预应力筋的实际平均极限抗拉力；

$\eta_p$——预应力筋的效率系数。

$\eta_p$ 的取用：预应力筋-锚具组装件中预应力钢材为 1～5 根时 $\eta_p=1$，6～12 根时 $\eta_p=0.99$，13～19 根时 $\eta_p=0.98$，20 根以上时 $\eta_p=0.97$（注：在国际标准，均没有该系数的选取，由于我国锚具的发展较晚，为了适应国情的需要增加了该值的选取，降低了锚具静载性能的要求。目前，我国锚具经过二十多年的发展，已达到国际先进水平，OVM 等大公司已走出国门参与国际竞争，锚具产品完全符合相关国际标准要求）。

锚具的静载锚固性能，应同时符合下列要求：

$$\eta_a \geqslant 0.95, \quad \eta_{apu} \geqslant 2\%$$

（2）在预应力筋-锚具组装件达到实测极限拉力时，应当是由预应力筋的断裂，而不应由锚具的破坏所导致；试验后锚具部件会有残余变形，但应能确定锚具的可靠性。

预应力筋-锚具组装件除必须满足静载锚固性能外，尚需满足循环次数为 200 万次的疲劳性能试验。试件经受 200 万次循环荷载后，锚具零件不应疲劳破坏，预应力筋在锚具夹持区域发生疲劳破坏的截面面积不应大于试件总截面面积的 5%。

用于有抗震要求结构中的锚具，预应力筋-锚具组装件还应满足循环次数为 50 次的周期荷载试验。试件经 50 次循环荷载后预应力筋在锚具夹持区域不应发生破断。

锚具应满足分级张拉及补张拉预应力筋的要求；锚具或其附件上宜设置灌浆孔或排气孔，灌浆孔应有保证浆液畅通的截面面积，排气孔应设在锚具垫板空腔的上部。

### 2. 夹具

（1）预应力筋夹具的静载锚固性能，应有预应力筋夹具组装件静载试验测定的夹具效率系数 $\eta_g$ 确定。夹具效率系数 $\eta_g$ 按下式计算：

$$\eta_g = \frac{F_{gpu}}{F_{pm}}$$

式中　$F_{gpu}$——预应力筋-夹具组装件的实测极限拉力。

夹具的静载锚固性能应满足 $\eta_g \geqslant 0.92$。

（2）预应力筋夹具应具有下列性能：

1）当预应力筋-夹具组装件达到试件实测极限拉力时，应当是预应力筋的断裂而不应由夹具的破坏所导致，并且夹具的全部零件不应出现肉眼可见的裂缝和破坏；

2）夹具应具有良好的自锚性能、松锚性能和重复使用性能；

3）需要敲击才能松开的夹具，必须证明其对预应力筋的锚固无影响，且对操作人员安全不造成危险时，才能采用。

**3. 连接器**

在先张法或后张法施工中，在张拉预应力筋后永久留在混凝土结构中的连接器，都必须符合锚具的锚固性能要求；如在张拉后还需放张和拆卸的连接器，必须符合夹具的性能要求。

## 二、进场验收及工厂内试验

**1. 进场验收方法**

锚具、夹具和连接器应有制造厂名、产品型号或标记、制造日期或生产批号，对容易混淆而又难于区分的锚固零件（如夹片），应有识别标志。锚具、夹具和连接器进厂时应按下列规定验收：

（1）外观检查

从每批中抽取 10% 但不少于 10 套锚具，检查其外观和尺寸，如表面无裂缝，影响锚固能力的尺寸符合设计要求，应判为合格；如此项尺寸有一套超过允许偏差，则应另取双倍数量重作检验；如仍有一套不符合要求，则应逐套检查，合格者方可使用。如发现有一套有裂纹，则应对全部产品逐件检查，合格者方可使用。

（2）硬度检查

从每批中抽取 5% 但不少于 5 套锚具，对其中有硬度要求的零件做硬度试验（多孔夹片式锚具的夹片，每套至少抽取 5 片）。每个零件测试 3 点，当硬度值符合设计要求的范围应判为合格；如有 1 个零件不合格，则应另取双倍数量的零件重作检验，如仍有 1 个零件不合格，则应逐个检验，合格者方可使用。

（3）静载锚固能力检验、疲劳荷载检验及周期荷载检验

经过上述两项试验合格后，应从同批中抽取锚具（夹具或连接器），组成预应力筋-锚具（夹具或连接器）组装件，进行静载锚固能力检验、疲劳荷载检验及周期荷载检验，如有 1 个试件不符合要求，则应另取双倍数量的锚具（夹具或连接器）重做试验，如仍有 1 个试件不合格，则该批锚具（夹具或连接器）为不合格品。锚具（夹具或连接器）的静载锚固能力检验、疲劳荷载检验及周期荷载检验，对于一般工程，也可由生产厂家提供试验报告。

对于一般出厂检验只进行外观、硬度和静载试验检验即可，如进行型式试验则还需要进行疲劳试验及周期荷载试验。

（4）验收批量划分

锚具、夹具和连接器验收批量的划分方式为：同一批产品，同一种原材料用同一种一次投料生产的数量，锚具、夹具和连接器不得超过 1000 套为一批，在大批量连续生产时，

按以上几项检验，如第一抽检批组（最多 1000 套）的样品检验结果能一次判定合格，则第 2 个及以后的抽检批组可扩大至 2000 套，此后，如在扩大组批中抽取的样品不能一次判定合格时，则应重新按未扩大的组批进行抽样检验。

**2. 试验规定**

试验用的预应力筋-锚具、夹具或连接器组装件应由全部零件和预应力筋组装而成。组装时锚固零件必须擦拭干净，不得在锚固零件上填加影响锚固性能的物质，如金钢砂、石墨、润滑剂等（设计规定的除外）。束中各根预应力筋应等长平行，其受力强度不应小于 3m。单根钢绞线组装件试件，不包括夹持部位的受力长度不应小于 0.8m。

试验用预应力钢材应经过选择，全部力学性能必须符合该产品的国家标准或行业标准；同时，所选用的预应力钢材其直径公差应在锚具、夹具或连接器产品设计的允许范围内，对符合要求的预应力钢材应先进行母材性能试验，试件不应小于 3 根，证明其符合国家或行业标准后才可用于组装件试验。

# 第三篇 预应力设备

预应力混凝土构件浇筑混凝土后，一般强度达到设计要求的 80% 左右即可进行预应力张拉作业。完成后张预应力施工，需使用多种设备，其中主要设备有：张拉设备、挤压机、压花机、镦头器、真空泵、灌浆机及辅助设备等。

# 第五章 张 拉 设 备

## 第一节 液 压 千 斤 顶

预应力张拉用液压千斤顶多为穿心式，它由电动高压油泵提供动力，完成对预应力筋的张拉、锚固作业。此类千斤顶除用于预应力张拉，还可以配套卡具作重物提升，大吨位千斤顶还可用作预应力混凝土桥梁顶推施工。

随着建筑业的迅速发展，预应力桥梁及建筑结构的设计越来越多，预应力行业得到长足的发展。随着预应力高强钢丝、钢绞线在国内的大批量生产，与其配套的群锚 OVM、QM 等锚固体系诞生，张拉施工机具也不断完善。目前，国内设计的预应力千斤顶，额定油压力提高到 50MPa，有些已到 60MPa，张拉吨位已形成系列化，最高可达 2000t，能够满足各种预应力工程的需要。

### 一、液压千斤顶分类及标记

根据现行标准《预应力用液压千斤顶》JG/T 321，预应力用液压千斤顶分类及代号见表 5-1。目前许多液压千斤顶生产厂家生产的千斤顶的代号，没有严格按标准规定执行。

预应力用液压千斤顶分类和代号 表 5-1

| 形 式 | 拉杆式 | 穿心式 | | | 锥锚式 | 台座式 |
|---|---|---|---|---|---|---|
| | | 双作用 | 单作用 | 拉杆式 | | |
| 代 号 | YDL | 2YDC | YDC | YDCL | YDZ | YDT |

预应力用液压千斤顶型号由类型代号及基本参数组成，如图 5-1 所示。

在实际设计中，有些生产厂家按设计习惯，未严格按以上标准进行编制，如柳州欧维姆机械股份有限公司生产的 YCW250B-200 千斤顶的各部分表示如图 5-2 所示。

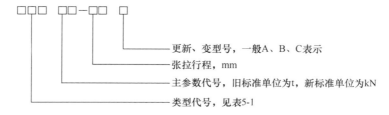

图 5-1 预应力用液压千斤顶型号组成

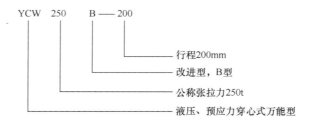

图 5-2 YCW250B-200 千斤顶型号组成

## 二、液压千斤顶技术要求

### 1. 对环境的要求

（1）预应力液压千斤顶对采用的液压油品质有严格要求：油液 $50℃$ 运动黏度为 $12\sim16mm^2/s$、杂质直径不大于 $137\mu m$、具有一定防锈能力。目前在施工时通常用 L-HM32 或 L-HM46 液压油。使用的液压油应注意清洁，防止污垢、泥砂、棉丝进入油缸，造成缸体拉毛、摩阻增加，甚至损坏油缸。通常在半年或使用 500h 后更换一次油液。

（2）使用聚氨酯制造的防尘圈和密封圈时，应注意防水、防潮，以免影响使用寿命。

（3）结构设计时应注意保证千斤顶张拉操作用的空间。一般情况下，直径方向应有 $10\sim20mm$ 间隙，长度方向上应长于张拉活塞完全伸出后的千斤顶总长度和完成张拉后外露的预应力索长度之和。表 5-2 为柳州欧维姆机械股份有限公司生产的穿心式千斤顶张拉时所需的空间。

**穿心式千斤顶张拉时所需的空间**　　　　表 5-2

| 千斤顶型号 | 千斤顶外径 $D$（mm） | 千斤顶长度 $L$（mm） | 活塞行程（mm） | 最小工作空间 | | 钢绞线预留长度 $A$（mm） |
| --- | --- | --- | --- | --- | --- | --- |
| | | | | $B$（mm） | $C$（mm） | |
| YDC240QX | 108 | 580 | 200 | 1000 | 70 | 200 |
| YCW100B | 214 | 370 | 200 | 1220 | 150 | 570 |
| YCW150B | 285 | 370 | 200 | 1250 | 190 | 570 |
| YCW250B | 344 | 380 | 200 | 1270 | 220 | 590 |
| YCW350B | 410 | 434 | 200 | 1354 | 255 | 620 |
| YCW400B | 432 | 400 | 200 | 1320 | 265 | 620 |
| YCW500B | 490 | 564 | 200 | 1484 | 295 | 620 |
| YCW650A | 610 | 640 | 200 | 2000 | 330 | 850 |

| 千斤顶型号 | 千斤顶外径 D (mm) | 千斤顶长度 L (mm) | 活塞行程 (mm) | 最小工作空间 | | 钢绞线预留长度 A (mm) |
|---|---|---|---|---|---|---|
| | | | | B (mm) | C (mm) | |
| YCW900A | 670 | 600 | 200 | 2200 | 450 | 1000 |
| YCW1200A | 790 | 600 | 200 | 2400 | 500 | 1200 |

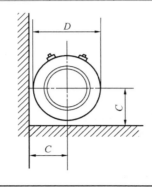 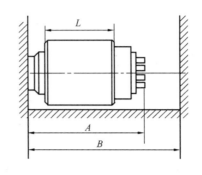

（4）千斤顶的标定工作，应在具有检测条件和资质的单位进行。标定用的标准仪器可选用材料试验机、压力试验机或压力传感器，设备、仪器的不确定度不得大于1%。

由于每台千斤顶液压配合面实际尺寸和表面粗糙度不同，密封圈和防尘圈松紧程度不同，造成了千斤顶内摩擦阻力不同，而且摩阻要随油压高低、使用时间的变化而改变。所以，千斤顶要和工程中使用的油压表、油管等一起进行配套标定。在下列情况之一时应进行标定：

1）新千斤顶初次使用前；

2）油压表指针不能退回零点，更换新表后；

3）千斤顶、油压表和油管进行过更换或维修后；

4）张拉时出现断筋而又找不到原因时；

5）停放三个月不用后、重新使用之前；

6）油表受到摔碰等大的冲击时。

用试验机标定穿心式千斤顶时，应该在千斤顶进油，试验机油缸不进油的状态下进行，千斤顶在活塞伸出2/3位置上标定，读数三次，取其平均值。

**2. 进场验收**

液压千斤顶在张拉使用前应进行试验及验收，避免正式使用时发生故障影响工作。试验及验收工作参照现行行业标准《预应力用液压千斤顶》JG/T 321中部分出厂检验项目进行。

（1）空载运行

按液压系统要求，连接好高压油泵和千斤顶。启动油泵电机（按油泵、千斤顶使用说明书操作），当油泵回油管无气泡、排油正常后，操作控制阀使千斤顶空载往复运动，检查油路系统，不得有渗漏；千斤顶空载启动油压应小于额定油压的4%；各操作阀灵活自如；千斤顶在空载运行中应无爬行、跳动等不正常现象；观察行程是否符合要求。

（2）满载检验

在有条件时进行满载运行检验，如果无条件，也可以结合千斤顶标定进行满载检验。

一般采用压降法或沉降法来检验内泄漏性能，使用压降法检验内泄漏性能时，将千斤顶置于刚性框架内，让千斤顶活塞出 2/3 行程、顶紧框架，油压升至公称油压后关闭截止阀和电动机，5min 内油压降值不应大于公称油压 5％。

使用沉降法检验内泄漏性能时，将千斤顶放在试验机内，活塞（或活塞杆）出 2/3 行程，用试验机加荷至预应力用液压千斤顶公称油压，然后持荷 5min，用百分表观测千斤顶活塞的回缩，回缩量不得大于 0.5mm。

（3）千斤顶的负载效率检验

在《预应力用液压千斤顶》JG/T 321－2011 中规定了预应力液压千斤顶试验方法和规定，负载效率表示为：

$$\eta = W/PA \times 100\%$$

式中　$\eta$——负载效率（％）；

$W$——预应力用液压千斤顶输出力（kN）；

$P$——工作油缸油压（MPa）；

$A$——工作油缸面积（mm$^2$）。

穿心式液压千斤顶 $\eta > 90\%$；拉杆式、锥锚式、台式预应力千斤顶 $\eta > 93\%$。一般液压千斤顶的负荷效率系数都高于规定值，负荷效率系数越高，损失越小，对于 $\eta$ 低于 95％的千斤顶，张拉时应注意预应力筋的伸长值，否则 $\eta$ 变化后可能造成拉断事故。

预应力千斤顶标定后，在使用过程中，负载效率系数的变化不应大于三个百分点。有异常现象应及时检查原因，重新标定。

## 三、液压千斤顶的种类

液压千斤顶比较常用的有以下几种：

（1）YCW□□-××：YCW 表示空心式万能型（通用型）千斤顶，可配套 OVM、QM、DM、LZM、GZ、LM 等锚具，□□表示张拉力，单位为 t，××表示行程，单位为 mm。其主要规格有：YCW100、YCW150、YCW250、YCW350、YCW400、YCW500、 YCW650、 YCW900、YCW1200、YCW1500 等，也可根据用户需要设计。YCW 系列穿心式千斤顶是施工中运用最为广泛的一种千斤顶，下面以柳州欧维姆机械有限公司生产的 YCW350B 千斤顶为例介绍其结构，图 5-3 为YCW350B 千斤顶结构。

YCW350B 中 Y 表示液压，C表示穿心式，W 表示万能，350 表示额定张拉力，B 表示为第二次改进。

1）千斤顶标牌上各参数

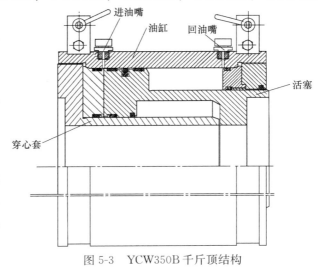

图 5-3　YCW350B 千斤顶结构

| | |
|---|---|
| 公称张拉力（kN） | 3497 |
| 公称油压 MPa | 54 |
| 张拉活塞面积（m²） | $6.476 \times 10^{-2}$ |
| 回程活塞面积（m²） | $3.462 \times 10^{-2}$ |
| 张拉行程（mm） | 200 |
| 穿心孔径（mm） | $\phi 175$ |

公称张拉力＝公称油压×张拉活塞面积；

张拉行程指活塞在油缸内的最大运行距离；

穿心孔径即穿心套的内径，其尺寸由穿过该型千斤顶的预应力筋最大尺寸决定。

2）YCW350B千斤顶使用注意事项：

① 新的或久置后的千斤顶，因油缸内有较多空气，开始使用时活塞可能出现微小的爬行现象，可将千斤顶空载往复运行二、三次，排除内腔空气；

② 油管在使用前应检查有无裂纹，接头是否牢靠，接头螺纹的规格是否一致，以防止在使用中发生意外事故；

③ 千斤顶在工作过程中，加、卸载应力求平稳，避免冲击；

④ 千斤顶带压工作时，操作人员应站在两侧，端面方向禁止站人；

⑤ 千斤顶有压力时，严禁拆卸液压系统中的任何零件；

⑥ 千斤顶张拉行程为极限行程，工作时严禁超过。

（2）YC□□—××：为穿心式千斤顶，配置不同的附件可组成几种不同的张拉形式。主要规格有：YC20、YC25A—150、YC30A—200、YC40—200、YC60A—200、YC75A—500、YC120A—300、YC200A—400、YC300—300等。

（3）YDC□□N—××：前卡式千斤顶，工具锚前置，可节约预应力筋材料，张拉过程中，工具自动夹持预应力筋，可自动退锚，降低劳动强度，提高效率。最小可张拉施工空间比其他千斤顶大大减少，大大方便了施工，同时可以节省钢绞线，主要有YDC1500N—100，YDC2500N—150等。

（4）YCL□□—××：为用于张拉带镦头锚，冷铸锚$\phi 5$、$\phi 7$高强钢丝的张拉千斤顶。主要有：YCL120—300、YCL120—500、YCL400、YCL600等。

（5）YCT□□—××：为YC□□—××变形产品，用于先张台座张拉，顶推或顶举施工，主要有：YCT300—300、YCT300—400、YCT300—500等。

（6）YZ□□—××：可直接张拉及顶锚钢质锥型（弗氏）锚具$\phi 5$、$\phi 7$的高强钢丝束，改变卡丝盘或分丝头，可张拉其他规格的预应力高强钢丝束或高强钢丝筋束等。主要有：YZ85—250、YZ85—300、YZ85—400、YZ85—500、YZ85—600、YZ150—300等。

（7）YD□□—××及YSD□□—××千斤顶：为台座式千斤顶，□□为吨位。××为行程。单位为mm，用于预应力梁、桥及其他大型工程更支座、顶举等。主要有：YD100—60、YD200—100、YD200—150、YD500—70、YSD50—90、YSD100—200、YSD200—50、YSD250—250、YSD500—220、YSD700—300等。

（8）ZLD□□—××千斤顶：本千斤顶自动连续顶千斤顶，用于各种类桥梁及各种大型件的顶推施工或垂直提升，具有连续性和同步性。主要有：ZLD20—200、ZLD60—250、ZLD100—200，并可根据用户要求设计。

（9）LSD□□—××提升千斤顶：本千斤顶与控制系统、泵站配套，能实现对超大、超重、超高构件的平移、提升。具有重量轻，体积小，操作简便，使用灵活，起重量大，提升速度高，投资小，安全可靠，不受施工条件限制等特点，可广泛应用于建筑工程、大型桥梁、广播电视塔、火电厂、原子能电站等特大、特重构件的整体提升吊装。主要有LSD40—200，LSD100—200，LSD200—200等，也可根据客户要求设计。

（10）YDG□□—××千斤顶：本千斤顶顶镐千斤顶，用于顶管和其他顶推施工，也可用于先张法台座式张拉预应力钢筋或举重。主要有：YDG400－300（400、500、800）。

# 第二节　高　压　油　泵

高压油泵是预应力液压设备的动力源。油泵的额定油压和流量，必须满足配套液压设备的要求。目前预应力液压千斤顶等液压机具，多数要求配套油泵油压在50MPa以上，能够连续供高压油，供油稳定，操作方便。

高压油泵按驱动方式分为手动和电动两种。目前国内油泵大部分为电动高压油泵，它们能与各种预应力液压设备配套，完成预应力筋张拉、钢丝冷镦、重物提升等工作，减轻劳动强度，提高工作效率。有些厂家还少量生产手动油泵，满足无电源和特殊环境的需要。

本部分主要介绍目前在预应力施工中运用最广泛的ZB4—500电动油泵和ZB10/320—4/800电动二级变量油泵。

## 一、ZB4-500电动油泵

20世纪70年代末，我国自主设计试制了ZB4-500型油泵，这种油泵已广泛用于预应力张拉和冷拉、镦头、结构试验等，目前是我国预应力工程上用量最大的一种油泵。ZB4-500电动油泵如图5-4所示，油路图如图5-5所示。

图5-4　ZB4-500电动油泵

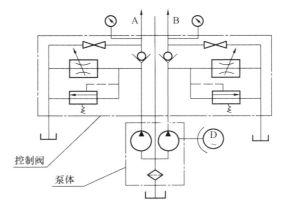

图5-5　ZB4-500电动油泵油路图

**ZB4-500 型电动油泵技术性能**　　　　　　表 5-3

| | | | | | | | | |
|---|---|---|---|---|---|---|---|---|
| 柱塞 | 直径 | mm | 10 | 电动机 | 型号 | | | Y100 L2-4 |
| | 行程 | mm | 6.8 | | 功系 | kW | | 3 |
| | 个数 | z | 2×3 | | 转数 | r/min | | 1420 |
| 油泵转数 | | r/min | 1420 | 出油嘴数 | | z | | 2 |
| 理论排量 | | mL/r | 3.2 | 用油种类 | | | | 液压油 L-HM32 或 L-HM46 |
| 额定油压 | | MPa | 50 | 油箱容量 | | L | | 42 |
| 额定排量 | | L/min | 2×2 | 质量 | | kg | | 120 |
| | | | | 外形（长×宽×高） | | mm | | 745×494×1052 |

　　ZB4-500 油泵型号也可表示为：ZB2X2-500，各部分含义为：Z 表示柱塞泵，2X2 表示双油路供油，每条油路的流量为 2L/min，500 表示额定油压为 500 公斤力，即为 50MPa。

　　（1）ZB4-500 电动油泵用途特点：本泵为使用额定油压为 50MPa 内的各种类型千斤顶的专用配套设备。ZB4-500 油泵由泵体、控制阀和车体管路三部分组成。

　　（2）ZB4-50 电动油泵的使用注意事项如下：

　　1）灌油：本油泵根据环境温度实际情况采用 L-HM32 或 L-HM46 号液压油。灌前油需经过过滤。液面距离顶板高度不得超过 50mm。

　　2）初运转与排气：启动前泵内各容油空间可能充有空气，空气的存在将造成压力不稳、流量不足，因此加压前必须打开控制阀，使油泵空运转直至液流中无气泡产生。

　　3）本油泵所使用电机转向不限，可以正、反转交替使用。

　　4）本油泵上溢流阀在出厂之前已经调好，在使用时不能调动。

　　5）电源接线要加接地线，并随时检查各处绝缘情况，以免触电。

## 二、ZB10/320-4/800B 电动二级变量油泵

　　20 世纪 80 年代，由于特大千斤顶对大流量的需要，我国又自主设计研制了 ZB10/320-4/800B 型电动二级变量泵。该泵变量机构是利用控制的变量阀，在主路油压达到预定值之后，将大流量回路油流卸压至零，以减少功率消耗。ZB10/320-4/800B 电动二级油泵外形如图 5-6 所示，主要由控制阀、变量阀、泵体以及车体管路四部分组成，该油泵属于自吸式轴向柱塞泵。ZB10/320-4/800B 电动油泵的油路图如图 5-7 所示。

　　ZB10/320-4/800B 电动油泵适用于超高压、大吨位、长行程的举重、顶推、张拉等千斤顶，本泵具有在低压时流量大、高压时流量低、可换向、工作速度快、操作简单、适用范围广等特点。ZB10/320-4/800B 电动油泵的技术参数见表 5-4：

**ZB10/320-4/800B 电动油泵的技术参数**　　　　　　表 5-4

| 项　　目 | 单　　位 | 低　　压 | 高　　压 |
|---|---|---|---|
| 额定压力 | MPa | 32 | 80 |
| 额定流量 | L/min | 10 | 4 |
| 油泵转速 | r/min | 1440 | |

| 项　目 | | 单　位 | 低　压 | 高　压 |
|---|---|---|---|---|
| 柱塞 | 个数 | 个 | 3 | 3 |
| | 直径 | mm | $\phi14$ | $\phi12$ |
| | 行程 | mm | 9.874 | |
| 油箱容积 | | L | 120 | |
| 用油种类 | | — | L-HM32 或 L-HM46 液压油 | |
| 外形尺寸 | | mm | 1090×590×1120 | |
| 质量 | | kg | 270 | |

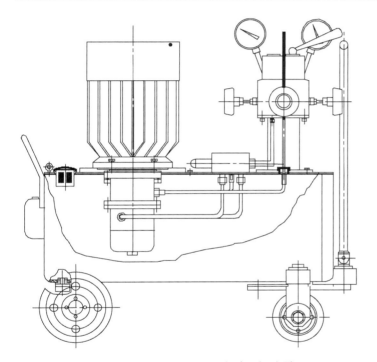

图 5-6　ZB10/320-4/800B 电动二级油泵

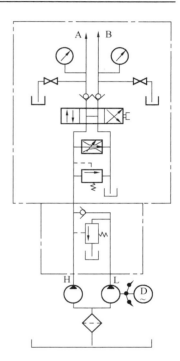

图 5-7　ZB10/320-4/800B 电动
油泵油路图

　　ZB4-500 和 ZB10/320-4/800B 电动油泵均为轴向柱塞泵，均由两套节流阀、截止阀、油压表、单向阀组成双回路。

## 三、电动高压油泵分类及标记方法

　　目前有的厂家生产油泵将两组泵串联为一组，用一个三位四通阀控制。油流量加大，操作也方便。

　　按照《预应力用电动油泵》JG/T 319—2011 的要求，预应力用电动油泵的类型代号应符合表 5-5 的规定。

| | | | | 表 5-5 |
| --- | --- | --- | --- | --- |
| 产品名称 | 叶片泵 | 齿轮泵 | 径向柱塞泵 | 轴向柱塞泵 |
| 代号（组型） | YBY | YBC | YBJ | YBZ |

预应力用电动油泵类型代号

型号的编制方法：

（1）单级预应力用电动油泵型号（图 5-8）

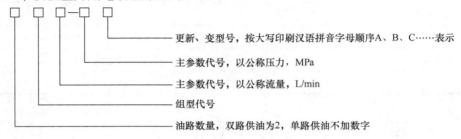

图 5-8　单级预应力电动油泵型号

例如：YBZ2-50C

表示第三次改进设计的采用公称流量 2L/min，公称压力 50MPa 的单油路供油轴向柱塞电动油泵。

（2）二级预应力电动油泵型号

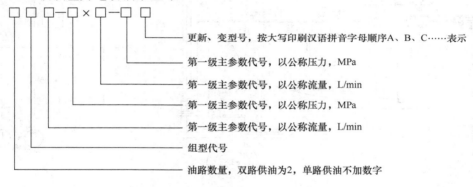

图 5-9　二级预应力电动油泵型号

例如：2YBZ5-32X2-80

表示为双路供油的预应力电动油泵，第一级公称流量为 5L/min，公称压力为 32MPa，第二级公称流量为 2L/min，公称压力为 80MPa 的二级轴向柱塞泵。

## 四、电动油泵技术要求

用于预应力施工的电动油泵必须符合现行行业标准《预应力用电动油泵》JG/T 319 的要求。

**1. 对环境要求及注意事项**

（1）预应力用电动油泵应采用温度 50℃时动力黏度 12～60mm$^2$/s，杂质直径不大于 137$\mu$m，具有一定防锈能力的工业用油，根据气温及使用条件选用不同牌号油。通常选用 L-HM32 或 L-HM46 液压油。

（2）油泵在使用过程及存放时，特别注意清洁，在油管拆装时，严禁将泥沙、污垢带入油管及油箱中。液压油需定期更换，通常在半年或工作 500h 工时后更换一次。如果工作环境差，根据情况提早更换，以免造成泵及油路系统损坏，不能正常工作。

（3）油内不得渗入水分，避免造成锈蚀。

（4）油压表精度不得低于 1.5 级，量程为最大使用压力 1.3～1.6 倍为宜。

（5）供电系统，应有可靠接地系统，避免漏电伤人。

**2. 油泵的检验**

对于新购入的油泵，或长期存放后启用前，应按照《预应力电动油泵》JG/T 319 进行检验，防止使用中出现故障影响工程进度。

（1）空载运行

1）接通油路、电路后，启动前应对油液量进行检查，不得低于规定的下限。阀门处于打开位置。

2）空载启动后，观察电机旋转要平稳，无大振动和噪声。

3）运转正常后，检测空载测量，三次平均值不得低于理论设计值的 95%，不高于理论流量 110%。

4）空载检验合格后，可堵住排油口，进行满载检验，升至公称压力 2min，观察有无渗漏及表针摆动情况。

（2）满载运行

根据条件参照标准进行。

# 第六章　固定端制作设备

预应力筋在使用时分为张拉端和固定端，固定端是不需要进行张拉的一端，设计者将固定端埋入混凝土中，因此固定端也可称为埋入端。固定端也可放在构件外部，待张拉工作结束后再进行防护处理，进行二次浇筑混凝土。放在构件外部的固定端，也可以选用张拉端锚具作固定端，如钢绞线和钢丝束用的夹片式锚具。本章主要介绍预应力筋为钢绞线和钢丝束埋入式的挤压锚、压花锚和镦头锚作固定端的制作设备。

## 第一节　挤　压　机

挤压式固定端锚具是我国 20 世纪 80 年代研制成功的一种预应力产品，其锚具制作原理是套在钢绞线上的挤压簧和挤压套按图 5-10 所示顺序安装，油泵向油缸供油后，顶压头将挤压簧、挤压套和钢绞线一起推入挤压模锥孔中，由于挤压模孔小端尺寸小于挤压套的外径尺寸，使挤压套牢牢地压缩在钢绞线上，挤压簧的内侧卡住钢绞线，外侧嵌入挤压套，使挤压套、挤压簧和钢绞线形成一个整体，制成锚固性能非常可靠的挤压式锚具。挤压机使用时配套用 ZB4-500 电动油泵即可。

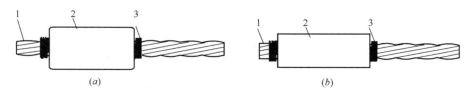

*(a)*　　　　　　　　　　　　　　　*(b)*

图 6-1　挤压前、后挤压锚示意图
（*a*）挤压前挤压锚示意图；（*b*）挤压后挤压锚示意图
1—钢绞线；2—挤压套；3—挤压簧

图 6-2　挤压机

## 一、挤压机的结构

挤压机主要由千斤顶、挤压模、螺杆组成，如图 6-2 所示。

## 二、挤压机的检验

挤压机主要由千斤顶和挤压模等组成，对于挤压机的检验及验收，应按照现行行业标准《预应力筋用挤压机》JG/T 322 进行。

**1. 空载运行试验**

挤压机与配套油泵连接后，首先空载启动油泵转动 2～3min，冬季气温低时还应加长时间。然后，操纵控制阀，使千斤顶空载往返 3 次，观察油路系统有无渗漏，活塞运行是否正常，有无爬行现象，空载运行油压不应大于额定油压的 3%。

**2. 超载试验**

在 1.25 倍额定压力下，挤压机不应有泄漏，各零件应无异常变形。利用挤压机本身的螺杆、端板作为反力架。取下顶压头，在挤压模与活塞之间加装大于 5cm 厚度的钢垫块，使挤压机活塞伸出顶住垫块加载，油压升至额定油压，达到满负荷，观察油路系统等有无不正常现象。挤压机通过了满载检验后，就可以在工程中应用。

### 三、挤压机使用注意事项

（1）检查钢绞线、挤压簧、挤压套、挤压模是否配套，不同厂家的挤压簧、挤压套、挤压模不能混用。

（2）挤压用的钢绞线在切割时注意断面齐整，不得歪斜。

（3）挤压时，应在挤压套外表面及挤压模内锥孔均匀涂一些具有润滑作用的物质，如而硫化钼，并注意顶压头与挤压模对中。

（4）挤压时，钢绞线要顶紧、扶正、对中。

（5）顶压头挤过挤压模后应立即回程。

（6）当压力超过额定油压仍未挤过时，应停止挤压，更换挤压模。

图 6-3 为挤压好的固定端挤压锚具。

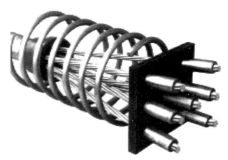

图 6-3　挤压锚具

## 第二节　镦　头　器

镦头锚具是锚固高强钢丝束的主要锚具，其固定端如图 6-4 所示。

在每根钢丝端部用液压镦头器镦粗成大半圆形，钢丝的拉力由锚板承担，形成钢丝束为预应力筋的镦头锚固定端。在预应力施工领域内比较常用的液压镦头器为 LD 系列镦头器。

### 一、LD 系列镦头器用途

LD 系列镦头器是一种预应力工程专用设备，除在各种后张法预应力工程中为高强度钢丝束镦头外，还可普遍应用在各预制厂的先张制品工艺中，能广泛运用于桥梁、铁路建设、民用建筑和工业厂房、预应力管子、电杆、水压机、水工建筑物及其他大型特种结构等方面的预应力结构。其附设的切筋器还可剪切一定

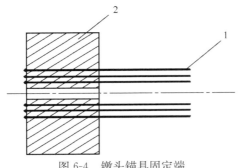

图 6-4　镦头锚具固定端
1—钢丝；2—锚板

范围直径的高强钢筋，做到了一机两用。LD系列镦头器结构轻巧、体积小、自重轻，能很方便地用于施工现场和高空作业。LD系列镦头器进出油路合一，一次进油同时完成调整钢丝镦锻长度、夹紧钢丝和镦头三个动作。

## 二、LD系列镦头器的构造及工作原理

### 1. LD系列镦头器构造

LD系列镦头器主要由油嘴、顺序阀、镦头活塞、夹紧活塞、镦头活塞回程弹簧、夹紧活塞回程弹簧、壳体、锚环、夹片和镦头模组成。其结构如图6-5所示。

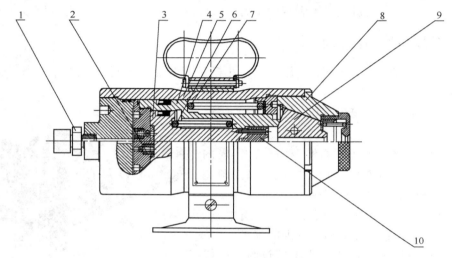

图6-5 LD镦头器主要结构

1—油嘴；2—顺序阀；3—镦头活塞；4—夹紧活塞；5—壳体；6—镦头活塞回程弹簧；
7—夹紧接着活塞回程弹簧；8—锚环；9—夹片；10—镦头模

### 2. LD系列镦头器工作原理

（1）开启油泵，钢丝插入镦头器，油泵加压，液压油从油嘴进入镦头器内，在钢丝未夹紧前，壳体内处于低压状态，此时顺序阀不开启，此时镦头活塞和夹紧活塞连成整体，徐徐向前推移，随之逐渐调整钢丝在镦头模的距离，使其适合预镦头成形所需要的长度，夹紧活塞推动夹片逐渐收拢，直至贴紧钢丝。

（2）夹片贴紧钢丝后，油压继续升高，钢丝随即被逐步夹紧，到设计所要求的预紧压力后，顺序阀开启，镦头活塞随油压升高推动镦头模向前移动（夹紧力也继续增大），迫使钢丝在镦锻长度内塑性变形，获得所要求的头形。

（3）卸去油压，依靠回程弹簧使各部分复位，取出钢丝，完成一次镦头。对镦好的头形尺寸要严格地检验，如果出现不符合规范要求时，要及时调整压力或查找原因，完全调整好后才能正式进行钢丝镦头作业。

## 三、LD系列镦头器技术参数

LD系列镦头器运用较多的有LD10和LD20两种，LD10主要用于镦φ5的钢丝，通过更换镦头模和夹片也可以镦φ4、φ3的钢丝，LD20主要用于镦φ7的高强钢丝，通过更

换镦头模和夹片也可以镦 $\phi6$、$\phi5$ 的钢丝，两种镦头器的技术参数见表 6-1。

**LD 镦头器技术参数**　　　　　　　　　　　表 6-1

| 项目规格 | | | LD10 型 | LD20 型 |
|---|---|---|---|---|
| 工作对象 | 镦头 | mm | $\phi5$ 碳素钢丝 | $\phi7$ 碳素钢丝 |
| | 切筋 | mm | $\leqslant\phi12$ | $\leqslant\phi16$ |
| 额定油压 | | MPa | 39 | 43 |
| 镦头力 | | kN | 88.2 | 165 |
| 切筋力 | | kN | 166.6 | 323 |
| 动刀片行程 | | mm | 12 | 20 |
| 质量 | 镦头器 | kg | 10 | 15 |
| | 切筋器 | kg | 11 | 16.5 |
| 外形尺寸 | 镦头器 | mm | $\phi98\times279\times199$ | $\phi120\times319\times249$ |
| | 切筋器 | mm | $\phi98\times326\times199$ | $\phi120\times369\times249$ |

## 四、钢丝镦头的质量控制

用于镦头的钢丝，其选材、下料、镦头应按以下要求进行检验：

（1）镦头用的钢丝应选用具有可镦性的符合国标要求的钢丝。

（2）下料后的钢丝截面应与钢丝垂直，倾斜时难保证镦头质量。

（3）先试行镦头，镦头形状和尺寸符合要求后，再正式进行作业。镦头头形要圆整，不得歪斜、不得有裂纹。头颈部母材性能不得受削弱。以 $\phi5$ 钢丝为例，头形尺寸：外径 $d=\phi7\sim\phi7.5$，高度 $h=4.8\sim5.3\text{mm}$。

（4）在镦头作业中经常进行外观检验和形状尺寸检验，如发现不正常现象，认真调整及查找原因，排除后方可继续进行作业。

# 第三节　压　花　机

压花机是用于预应力钢绞线固定端制作的一种预应力设备，其结构如图 6-6 所示，钢绞线经压花机压成梨状，埋入混凝土中，并需要一段粘结长度，构成钢绞线固定端。压花锚多用于有粘结钢绞线，在预应力桥梁中应用较广。压花锚在无粘结工程中很少采用，因为压花锚要获得可靠的锚固，不但要严格控制压花后的各部分尺寸，而且需要较长的一段粘结段，才能有良好的锚固效果，这样无形中浪费了一大段钢绞线，该段钢绞线起不到预应力筋的

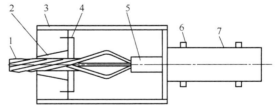

图 6-6　压花机结构示意

1—钢绞线；2—夹具；3—机架；4—夹紧把手；
5—活塞杆；6—油嘴；7—油缸

作用，有的结构无法布置有粘结段，如高层建筑预应力楼板，没有足够长的粘结段，在张拉段进行张拉时就容易拔出。另外粘结段上的油脂也很难擦净，未擦净油脂的钢绞线无法

与混凝土粘牢。

## 一、压花机工作原理及技术参数

压花机主要由油缸、活塞杆、机架以及夹紧钢绞线的夹具等组成。挤压时将要压花的钢绞线，插入活塞杆端部孔内，操作夹紧把手把钢绞线夹紧后，向油缸中供压力油使活塞杆伸出，当压力足够大时，把钢绞线压散成梨状。压花机产品如图6-7所示。

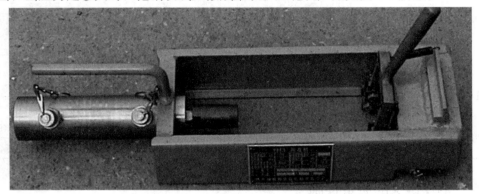

图6-7　压花机

压花机技术参数　　　　　　　　　　　　　　　　　表6-2

| 型　　号 | 最大顶压力（kN） | 最大油压（MPa） | 油缸面积（cm²） | 最大行程（mm） |
|---|---|---|---|---|
| YH3 | 30 | 20 | 16 | 120 |

## 二、压花机的检验

### 1. 空载运行

压花机在正式使用前，首先接好油路、电路，启动油泵，使压花机空载运行，检查有无爬行、漏油等不正常现象，操作夹紧把手，看是否灵活。一切正常后可进行满负荷试验。

### 2. 满载试验

满载试验是让活塞杆全部伸出后继续使油压伸至压花机额定油压的1.25倍，观察有无漏油，缸体有无变形等不正常现象。

### 3. 压花锚检验

为保证压花后几何尺寸符合要求，在正式投入压花作业前，必须进行压花试件检验，就是用工程实际应用的钢绞线，在压花机上进行操作，对压好的梨形固定端，进行尺寸检查。钢绞线压花后形成的压花锚具如图6-8所示。

压花锚具的尺寸应符合表6-3的规定。

压花锚具尺寸　　　　　　　　　　　　　　　　　　表6-3

| 钢绞线规格 | $\phi$（mm） | $A$（mm） | 钢绞线规格 | $\phi$（mm） | $A$（mm） |
|---|---|---|---|---|---|
| $\phi^j12.7$ | 70～80 | 130 | $\phi^j15.2$ | 85～95 | 150 |
| $\phi^j12.9$ | 70～80 | 130 | $\phi^j15.7$ | 85～95 | 150 |

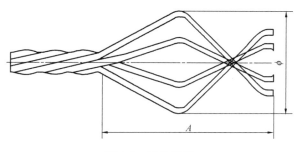

图 6-8 压花锚具

# 第七章　灌　浆　设　备

灌浆设备是在后张法预应力构件的预应力筋张拉后，往孔道里灌充水泥浆所用的设备，孔道灌浆的目的是使预应力筋与构件有良好的粘结力，防止预应力筋的腐蚀，提高结构的抗裂性和耐久性，传统的灌浆设备包括灰浆搅拌设备及灰浆泵。

近几年来，一种新的灌浆技术逐步广泛应用，这就是真空灌浆。真空灌浆是后张预应力混凝土结构施工中的一项新技术，其基本原理是：在孔的一端采用真空泵对孔道进行抽真空，使之产生－0.1MPa左右的真空度，再用灌浆泵将水泥浆从孔道的另一端灌入，直至充满整条孔道，并保持小于等于0.7MPa的正压力，以提高预应力孔道的饱满度和密实度。采用真空灌浆工艺是提高后张预应力混凝土结构安全度和耐久性的有效措施。

真空灌浆和传统的灌浆相比有以下优点：

（1）在真空状态下，孔道内的空气、水汽以及混在水泥浆中的气泡被消除，有效地减少了孔隙、泌水现象。

（2）灌浆过程中孔道具有良好的密封性，使浆体保压及充满整个孔道得到保证。

（3）真空灌浆过程是一个连续且迅速的过程，缩短了灌浆时间。

真空灌浆常用的设备有真空泵、灌浆机和塑料焊接机。

## 第一节　真　空　泵

真空灌浆常用的真空泵为SZ-2型真空泵，其外形如图7-1所示。

SZ-2真空泵技术参数如表7-1所示。

**SZ-2真空泵技术参数**　　　　表7-1

| 型　号 | 抽气速率 | 极限真空（真空度） | 额定功率 | 重量 |
|---|---|---|---|---|
| SZ-2 | 120m³/h | 4000Pa | 4kW | 120kg |

该真空泵的优点如下：

（1）操作安全、方便、可靠、出气量大。

（2）该真空泵抽真空和拆卸都比较方便，无需拆卸任何零部件即可完成清洗工作。

真空灌浆时各设备及部件连接如图7-2所示。

图7-1　真空泵

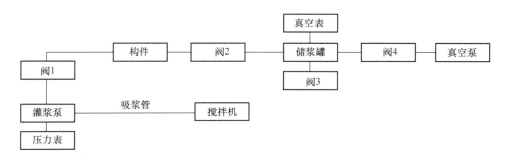

图 7-2　真空灌浆时设备及部件连接

# 第二节　灌　浆　泵

真空灌浆常用的灌浆泵为 UBL3 螺杆式灌浆泵，该机的外形及技术参数见图 7-3、表 7-2。

图 7-3　UBL3 螺杆式灌浆泵

**UBL3 螺杆式灌浆泵技术参数**　　　　　　　　　　　　　　表 7-2

| 型号 | 输送量 | 最大工作压力 | 输送距离 | 单机重量 |
|------|--------|--------------|----------|----------|
| UBL3 | 3m³/h | 2.5MPa | 水平：400m　垂直：90m | 200kg |

UBL3 螺杆式灌浆泵的特点如下：
（1）出力稳定、连续；
（2）操作安全、方便、可靠；
（3）流量和压力的调节简单方便，适用于各种长度或直径的预应力束的灌浆。

# 第三节　塑　料　焊　接　机

由于塑料波纹管的耐腐蚀性能远远优于金属波纹管，它不怕酸、耐腐蚀，它本身不腐蚀，能有效地保护预应力筋不受腐蚀，因此在真空灌浆施工中，许多工程都是采用塑料波纹管，塑料焊接机能有效地将塑料波纹管焊接。

目前常用的塑料焊接机为 PHJ 塑料焊接机，该机适合于各种 PE 塑料管的热熔对接焊，带有横断面切削功能，温度可调，焊接迅速牢固，使用方便，不需要任何焊接料，其接口强度与塑料管本体同等强度和性能。PHJ 塑料焊接机外形及技术参数见图 7-4、表 7-3。

PHJ 塑料焊接机主要技术参数　　　表 7-3

| 热封外型尺寸 | 热封速度 | 电　　源 | |
| --- | --- | --- | --- |
| $\phi10\sim\phi170$mm | 30 只/min | AC380V；50Hz；2kW | |
| 工作台高度 | 外形尺寸（$L\times W\times H$） | 整机重量 | |
| 460mm | 600mm×420mm×420mm | 70kg | |

图 7-4　PHJ 塑料焊接机

# 第八章　核电管道成型加工设备

我国电力主要有火电、水电、核电、风电，火电对环境造成严重的污染，水电、风电受自然条件的制约，核电将是今后我国发展的重点。目前建好及在建的核电项目，绝大部分安全壳采用后张预应力锚固体系，为避免混凝土浇筑造成预埋管道变形、损坏，核电安全壳预埋管道大量采用钢管。为了完成钢管的连接、弯曲，需要一些管道成型加工设备。核电管道成型加工设备包括胀管机、弯管机和制管机。

## 第一节　胀　管　机

核电安全壳预应力系统中，竖向预应力系统、穿顶预应力系统以及某些部位环形预应力系统均采用钢管作为预埋管，钢管之间的连接采用一端孔口扩大，连接时另一钢管插入孔口。因此要完成连接钢管的一端必须扩大成一个钟形口，如图 8-1 所示，以便于钢管之间的连接。钟形孔需要用胀管机扩口而成。

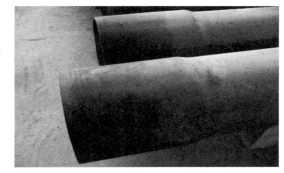

图 8-1　钢管扩口端

### 一、胀管机结构

胀管机主要由活塞、油缸、胀管体及胀管轴组成，它的结构示意见图 8-2。

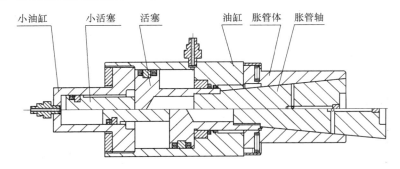

小油缸　小活塞　活塞　油缸　胀管体　胀管轴

图 8-2　胀管机结构示意

### 二、胀管机工作原理

（1）将钢管套在胀管体上，扶正，右边油嘴进油，推动活塞往左运动，带动胀管轴向左移动，使胀管体作径向移动而直线胀大，在胀大时，将管的内孔扩大为钟形孔。

（2）钢管口成型后，左油嘴进油，推动活塞向右运动，带动胀管轴向右移动，胀管体在弹簧的作用下作径向收缩直至恢复初始状态，即完成一次胀管过程。

### 三、胀管机技术参数

核电安全壳预应力系统中采用钢管作为预埋管，目前核电项目中所用的钢管共有 3 种规格，分别为 $\phi 102 \times 2$、$\phi 140 \times 3$ 和 $\phi 165 \times 3$，为满足核电胀管要求，胀管机也有三种规格，各规格技术参数如表 8-1 所示。

胀管机技术参数      表 8-1

| 参　　数 | 单位 | YZGJ102 | YZGJ140 | YZGJ165 |
|---|---|---|---|---|
| 公称拉力 | kN | 505 | 515 | 754 |
| 公称油压 | MPa | 40 | 45 | 50 |
| 拉力活塞面积 | m$^2$ | $1.264 \times 10^{-2}$ | $1.508 \times 10^{-2}$ | $1.508 \times 10^{-2}$ |
| 外形尺寸 | mm | $\phi 180 \times 693$ | $\phi 200 \times 627$ | $\phi 200 \times 512$ |
| 扩孔钢管规格 | mm | $\phi 102 \times 2$ | $\phi 140 \times 3$ | $\phi 165 \times 3$ |
| 活塞行程 | mm | 60 | 44 | 85 |
| 质　　量 | kg | 80 | 83 | 95 |
| 回程活塞面积 | m$^2$ | $6.358 \times 10^{-3}$ | $6.358 \times 10^{-3}$ | $2.01 \times 10^{-2}$ |
| 胀管头直径变化范围 | mm | $\phi 92 \sim \phi 104$ | $\phi 129 \sim \phi 142$ | $\phi 150 \sim \phi 168$ |
| 扩孔尺寸 | mm | $\phi 103.4^{+0.6}_{-0.4}$ | $\phi 141.4^{+0.6}_{-0.4}$ | $\phi 167.4^{+0.6}_{-0.4}$ |

## 第二节　弯　管　机

核电安全壳中，由于设备闸门、人员出入闸门以及某些贯穿件布置的原因，部分作为预埋管的钢管必须弯曲才能绕过这部分贯穿件布置，同时穹顶束由于结构原因钢管必须按设计形状弯曲后才能连接，见图 8-3。钢管的弯曲需要用弯管机才能完成。

图 8-3　穹顶束钢管弯曲后连接

## 一、弯管机结构

弯管机主要由机架、变速箱、远程控制盒、驱动系统及滚轮、弯曲半径调整系统等组成，它的结构示意如图 8-4 所示。

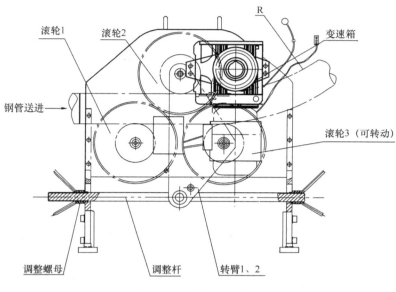

图 8-4  弯管机结构示意

## 二、弯管机工作原理

小齿轮通过齿轮驱动滚轮 2，滚轮 2 同时驱动滚轮 1 和滚轮 3。因此，滚轮 2 与滚轮 1、滚轮 3 的转动方向是相反的，当钢管从上图所示的左边进入时，通过滚轮 1 与滚轮 2、滚轮 2 与滚轮 3 的挤压，钢管从右边出来。如果通过调节滚轮 3 的位置，将得到不同半径的弯管。

## 三、弯管机技术参数

核电安全壳预应力系统中采用钢管作为预埋管，目前核电项目中所用的钢管共有 3 种规格，分别为 $\phi102\times2$、$\phi140\times3$ 和 $\phi165\times3$，与之配套的弯管机也有三种规格，各规格技术参数见表 8-2。

表 8-2

弯管机技术参数

| 参 数 | | 单位 | WGJ102 | WGJ140 | WGJ165 |
|---|---|---|---|---|---|
| 电动机 | 型号 | | Y132S-4 | Y132S-4 | Y132S-4 |
| | 电压 | V | 380（三相） | 380（三相） | 380（三相） |
| | 频率 | Hz | 50 | 50 | 50 |
| | 功率 | kW | 5.5 | 5.5 | 5.5 |
| | 转数 | r/min | 1440 | 1440 | 1440 |

续表

| 参 数 | 单位 | WGJ102 | WGJ140 | WGJ165 |
|---|---|---|---|---|
| 可弯钢管规格 | mm | $\phi102\times2$ | $\phi140\times3$ | $\phi165\times3$ |
| 弯管速度 | m/min | 10.5 | 7.9 | 6.2 |
| 质量 | kg | 866 | 862 | 862 |
| 长×宽×高 | mm | 1190×733×1184 | 1190×733×1184 | 1190×733×1184 |
| 最小弯管半径 | m | 6 | 6 | 6 |

# 第三节 制 管 机

核电安全壳预应力系统一般分为竖向预应力系统、环向水平预应力系统以及穿顶预应力系统，竖向预应力系统以及穿顶预应力系统一般采用钢管作为预埋管，环向水平预应力系统中的预埋管采用金属波纹管作为预埋管，但所采用的钢带厚度为 0.6mm，比常规金属波纹管所用钢带厚，因此对制管机也提出了新的要求。金属波纹管如图 8-5 所示。

图 8-5 金属波纹管

## 一、制管机结构

制管机主要由导向润滑装置、轧辊装置、成管中心部分、扣边装置、压纹装置、传动系统、润滑冷却系统、操作系统、切割机等部分组成。另外还需要一些钢带盘支架、钢带盘、螺旋波纹管支架等辅助装置。制管机结构示意如图 8-6 所示。

## 二、制管机工作原理

将精裁的宽 78±0.1mm 的钢带，装入钢带盘后放在钢带盘支架上。钢带通过导向、润滑装置、滚压成形装置卷绕在芯轴上，芯轴旋转卷绕已形成好的钢带经过折叠、压纹、压紧等接缝工序，卷制成螺旋波纹管。

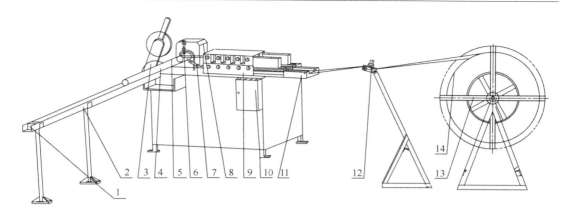

图 8-6　制管机结构示意

1—波纹管行程开关；2—接收槽；3—切割机；4—波纹管；5—压花装置；6—扣边装置；7—压紧装置；8—减速箱；
9—压纹装置；10—电气控制箱；11—导向润滑；12—检测头；13—钢带带盘；14—钢带

## 三、制管机技术参数

核电安全壳预应力系统中环向水平束预埋管采用金属波纹管，金属波纹管采用制管机制作，制管机技术参数见表 8-3。

制管机技术参数　　　　　　　　　　　　　　　　表 8-3

| 参　　数 | | 单　　位 | 数　　值 |
|---|---|---|---|
| 主电机 | 型号 | — | Y132M-4 |
| | 功率 | kW | 7.5 |
| | 转数 | r/min | 1440 |
| 切割电机 | 型号 | — | Y90S-2 |
| | 功率 | kW | 1.5 |
| | 转数 | r/min | 2840 |
| 润滑冷却电动油泵 | 型号 | — | JCB-22 |
| | 功率 | kW | 0.125 |
| | 流量 | L/min | 22 |
| 电　压 | | V | 380 |
| 卷管速度 | | m/min | 2.5 |
| 质量 | | kg | 850 |
| 长×宽×高 | | mm | 2000×1280×1400 |

# 第九章 其 他 设 备

在预应力施工过程中，要使用多种设备，除以上常用设备外，一些特殊工程还需要一些特殊设备，本章将简要介绍缠丝机、紧缆机、缆载吊机、桥面吊机和智能张拉设备。

## 第一节 缠 丝 机

缠丝机是一种用于悬索桥主缆缠丝施工的专用设备，目前仍然属于一种非定型的产品，需要根据悬索桥的主缆和索夹的尺寸等具体情况进行开发。缠丝机的来源有两个，一是从国外购买，但成本较高；二是国内预应力企业根据各自的需求进行自主研发。虽然缠丝机的结构各不相同，但基本性能和动作原理是一致的。

缠丝机使用时，以一定的张力使镀锌软钢丝（圆形或特制的 S 形软钢丝）密匝牢固地缠绕在主缆上。主缆缠丝的主要作用是保持主缆外形并与涂装材料共同组成主缆防护体系，以保护主缆钢丝，保证涂装防护效果，延长主缆使用寿命。

主缆缠丝机主要由缠丝回转机构、索夹的跨越机构、整机的移动机构、缠丝张力控制机构、微电脑集成控制系统以及前后机架和 4 根装有齿条的导轨组成，CSJ650 型主缆缠丝机是一种运用较为广泛的缠丝机，如图 9-1 所示。

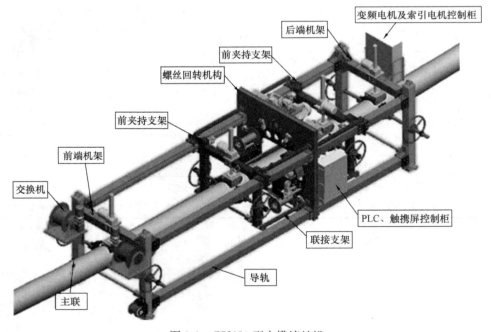

图 9-1 CSJ650 型主缆缠丝机

## 第二节　紧　缆　机

紧缆机主要用于悬索桥主缆紧缆施工，即在主缆架设完成后，通过紧缆作业，将主缆截面紧固为圆形，并达到设定的空隙率。

紧缆作业一般分为两个阶段，先将主缆整成近似圆形的预紧缆阶段，以便安装紧缆机，然后使用紧缆机将主缆挤压成圆形的正式紧缆阶段。预紧缆作业是解除主缆外层索股的缠包带，由人力在夜间使用木槌敲打成大约圆形后用软钢带捆扎；正式紧缆时，用液压式紧缆机将主缆挤压成圆形，除主缆索夹的位置以外，每隔1m用软钢带将主缆捆紧。紧缆作业结束后，要沿桥纵向方向检查主缆的直径和周长以及主缆的空隙率。

主缆紧缆机主要由挤紧装置、行走机构、液压系统、电控系统（含操控装置）与配重块组成。

挤紧装置是紧缆机的工作部分，由挤紧反力架、液压千斤顶及紧固蹄等组成。行走机构是紧缆机的移位部件。由尼龙行走轮、台车机架和卷扬机等组成。紧缆机的行走采用卷扬机牵引运行，为增加运行稳定性，利用钢丝绳把紧缆机与主缆上部的缆索吊相连。

液压系统是主缆紧缆机的动力部分，由液压泵站及配件组成。液压泵站是紧缆机机构中为紧缆执行元件千斤顶提供动力的设备。

电控系统是以电机提供动力基础，以传感器测量结果作为反馈信号，使液压泵将机械能转化为压力，推动液压油。通过控制各种阀门改变液压油的流向，从而推动液压千斤顶做出不同行程的动作，实现紧缆作业。

紧缆机的结构如图9-2所示。

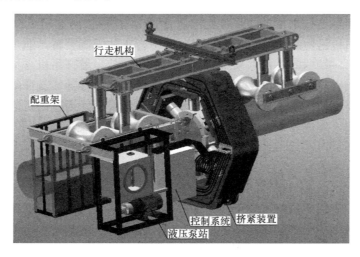

图9-2　紧缆机结构

## 第三节　缆　载　吊　机

缆载吊机作为悬索桥大型专用设备，其智能化中央自动控制系统可同步/非同步控制整个设备装卸、吊装、行走等全部作业；模块化设计使得吊机仅需更换少量的部件就可以适应不同跨间径、不同缆径悬索桥钢箱梁（钢桁梁）的吊装工作。吊具和吊机主桁架采用一体化设计，使该吊机更为经济实用。缆载吊机主要由一个钢主桁梁、两个在主缆上的步履式行走机构、两套液压提升设备（含提升和牵引千斤顶、液压泵站、控制系统及钢绞线收线装置）、吊具扁担梁、发电设备等部分组成。其结构如图 9-3 所示。

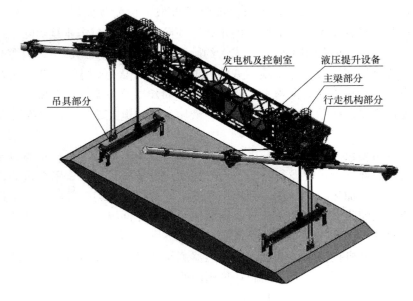

图 9-3　缆载吊机结构

缆载吊机在主缆上行走采用"步履式行走方式"。在吊机两端沿纵向各备一台液压牵引千斤顶，作为吊机沿主缆向上行走的动力和向下行走的限制装置，通过一端锚固在上坡的临时夹具上，另一端锚固在行走系统上，在吊机移动前，解开吊机支撑脚与主缆的连接抱箍，收起支撑脚直至完全悬空，逐渐将吊机荷载转换至滑移导轨支撑脚上，操作吊机沿导轨移动完成半个循环行走过程，重新落下支撑脚至主缆上，通过吊机液压系统将导轨向吊机移动方向伸出，完成后半个工作循环。

# 第四节　桥 面 吊 机

桥面吊机是一种用于桥梁主梁节段吊装的大型专用施工设备，可适用于斜拉桥、悬索桥、拱桥等多种桥型主梁的架设施工。由于其适用范围较广，具有一定的改造性，在我国许多大桥的主梁吊装工程中得到采用。桥面吊机虽然形式多样，但主要结构大同小异，其结构原理类似于跷跷板，所吊重物在一端，中间一个支点，另一端需要相应的下拉力平衡。

桥面吊机结构如图 9-4 所示，主要由吊机主体桁架、行走机构、支锚机构、上部调位系统、吊具、提升千斤顶、收放线装置、液压泵站及电气控制系统组成。

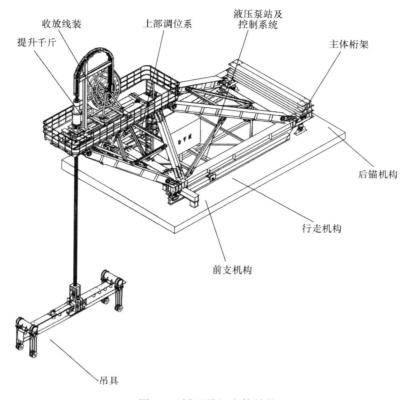

图 9-4　桥面吊机主体结构

# 第五节　智能张拉系统

智能张拉系统主要用于预应力筋（特别是桥梁预应力筋和岩土锚索）的张拉施工和锚固性能试验。其通过微型计算机控制智能泵站和液压千斤顶的张拉，利用测力传感器和位移传感器的测量数据反馈，实现预应力同步和精确张拉，同时对张拉过程数据经行存储，可随时调看历史数据。这样可消除人为因素干扰，能有效地保证预应力张拉施工质量。

预应力智能张拉过程中，以力值为控制对象，伸长量作为校核量，实现双控目标。通过传感器测量数据，控制系统实时得到每台张拉设备的张拉力值和钢绞线的伸长量，实时进行分析判断；根据分析结果将控制指令传递给张拉设备，实时调整泵站电机的转速，实现张拉力及加载速度的实时、精确控制；同时系统根据预设的力值和张拉步骤，发出指令，自动完成整个张拉过程。

智能张拉系统的基本组成为智能千斤顶和智能泵站（主控泵站、从动泵站），可选配组件为智能张拉计算机控制系统、地锚塌陷测量装置、超千斤顶行程张拉自动换行程装置等。

与传统手工张拉比较，智能张拉具有非常大的优势，表 9-1 列出用智能张拉系统张拉与传统张拉技术比较。

智能张拉系统张拉与传统张拉比较 表 9-1

| | 比较内容 | 传统张拉 | 智能张拉系统张拉 |
|---|---|---|---|
| 1 | 装置差别 | 千斤顶位移无测量装置，采用尺子人工测量；油泵压力读数是机械油压表；液压油的流量大小和方向操作靠手柄；多台油泵之间无通信 | 千斤顶装有高精度位移传感器；油泵上装有高精度压力传感器，油泵集成电脑控制张拉过程，电磁阀控制液压流量大小；多台油泵之间可无线实时通信模块 |
| 2 | 张拉人员配置 | 双束 4 顶 4 泵对称张拉，至少配备操作和记录人员 8 人（每个油泵 1 人操作 1 人记录） | 双束 4 顶 4 泵对称张拉，配备 1 人操作可实现张拉 |
| 3 | 张拉同步性 | 对讲机通信，无法实现多顶同步 | 计算机控制，多顶对称张拉，实时通信和同步控制精度高 |
| 4 | 张拉过程规范性 | 张拉过程，人工操作，不同人操作质量参差不齐，很难监控 | 电脑自动控制张拉流程、张拉速度和停顿时间准确，电脑记录数据可查，利于管理和监控 |
| 5 | 张拉力精度 | ±3%～5%（依人而定） | ±1% |
| 6 | 伸长量测量与校核 | 人工测量，不准确，不及时，未能实时校核 | 自动测量，及时准确，实时校核，与张拉力同步控制，实现真正"双控" |
| 7 | 加载速度 | 随意性大，往往过快 | 按程序设定速度加载，排除人为影响 |
| 8 | 持荷时间 | 随意性大，往往过短 | 按程序设定时间持荷，排除人为干预 |
| 9 | 卸载锚固 | 瞬时卸载，回缩时对夹片造成冲击，回缩量大 | 可缓慢卸载，避免冲击损伤夹片，减少回缩量 |
| 10 | 预应力损失 | 张拉过程预应力损失大 | 由于张拉过程规范，损失小 |
| 11 | 张拉记录 | 人工记录，可信度低 | 自动记录，真实再现张拉过程 |
| 12 | 安全保障 | 边张拉边测量延伸量有人身安全隐患 | 操作人员远离非安全区域，人身安全有保障 |
| 13 | 质量管理与监控 | 真实质量状况难以掌握，缺乏有效的质量控制手段 | 便于质量管理，质量追溯，提高管理水平、质量水平 |

采用智能张拉系统进行双束对称同步张拉（2 泵 4 顶系统：4 台智能千斤顶、2 台智能油泵，可换行程张拉）时，其布置如图 9-5 所示。

智能张拉系统除能进行双束对称同步张拉外，也可进行单束对称同步张拉，还可根据现场施工实际进行调整，能满足各种工况的施工要求。

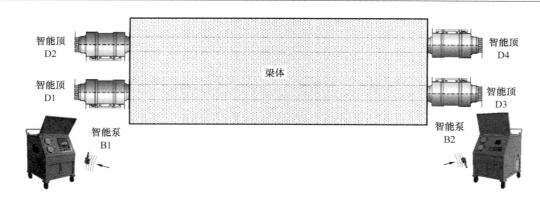

图 9-5  智能张拉系统张拉

# 第四篇　施工工法与标准规范

预应力混凝土施工按施工工艺分为后张法和先张法，其中后张法又分后张有粘结预应力施工、后张无粘结预应力施工。

# 第十章　后张有粘结预应力施工

## 第一节　概　　述

后张有粘结预应力技术是通过在结构或构件中预留孔道，允许孔道内预应力筋在张拉时可以自由滑动，张拉完成后在孔道内灌注水泥浆或其他类似材料，使预应力筋与混凝土永久粘结不产生滑动的施工技术。

后张有粘结预应力技术在房屋建筑中，主要用于框架、刚架结构，各种梁系结构，平板楼盖结构也可采用预留扁形孔道施工的后张有粘结预应力工艺。在特种工程结构中，该技术主要用于大直径煤仓、水泥仓、核安全壳、液化天然气（LNG）储罐、水池、电视塔、压力隧洞、水塔等结构物或构筑物中。在桥梁结构中，后张有粘结预应力技术广泛应用于大跨径简支梁板结构、连续梁结构、T形刚构和连续刚构等大跨径桥梁中。

## 第二节　后张有粘结预应力施工工艺

后张有粘结预应力技术一般用于预制大跨径简支梁、简支板结构，屋面梁、屋架结构，各种现浇预应力结构或块体拼装结构。后张有粘结预应力施工工序较多，其主要工艺流程如图 10-1 所示。

## 第三节　预应力筋下料及制作

### 一、预应力筋下料长度计算

预应力筋下料长度的计算，应综合考虑预应力钢材品种、锚具形式、焊接接头、镦粗头、冷拉伸长率、弹性回缩率、张拉伸长值、台座长度、构件孔道长度、张拉设备与施工方法等因素。

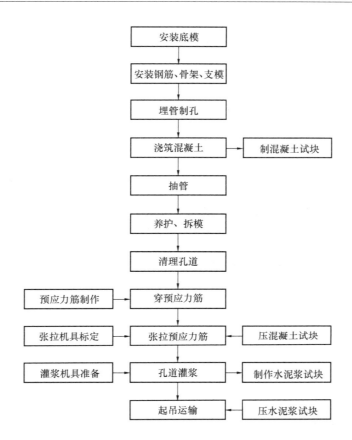

图 10-1　后张有粘结预应力施工流程

注：对于块体拼装构件，还应增加块体验收、拼装、立缝灌浆和连接板焊接等工序。

**1. 钢丝束下料**

（1）采用钢质锥形锚具，用锥锚式千斤顶在构件上张拉时，张拉示意如图 10-2 所示。钢丝的下料长度 $L_0$ 计算如下：

1）两端张拉，$L_0 = L + 2(L_1 + L_2 + 80)$

2）一端张拉，$L_0 = L + 2(L_1 + 80) + L_2$

式中　$L$——构件孔道长度（cm）；

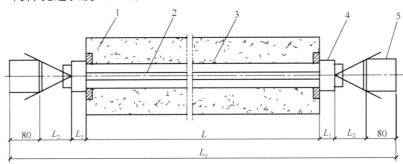

图 10-2　钢质锥形锚张拉示意

1—混凝土构件；2—钢丝束；3—孔道；4—钢质锥形锚具（弗式锚）；5—锥锚式千斤顶

$L_1$——锚环厚度（cm）；

$L_2$——千斤顶分丝头至卡盘外端距离，对 YZ85 型千斤顶为 47cm（包括大缸伸出 4cm）。

（2）采用镦头锚具，以拉杆式或穿心式千斤顶在构件上张拉时（图 10-3），钢丝的下料长度 $L_0$ 计算，应考虑钢丝束张拉锚固后螺母位于锚杯中部为标准，相对来说，长度要求精准。

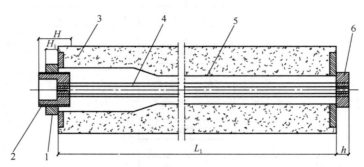

图 10-3 镦头锚张拉示意

1—螺母；2—锚杯；3—混凝土构件；4—钢丝束；5—孔道；6—锚板

$$L_0 = L_1 + 2(h + h_1) - K(H - H_1) - \Delta L - C$$

式中 $L_1$——构件孔道长度，按实际测量；

$h$——锚杯厚度；

$h_1$——钢丝镦头留量；

$K$——系数，一端张拉时取 0.5，两端张拉时取 1.0；

$H$——锚杯高度；

$H_1$——螺母高度；

$\Delta L$——钢丝束张拉伸长值；

$C$——张拉时构件混凝土的弹性压缩值。

**2. 钢绞线下料长度**

钢绞线束采用夹片锚具时，钢绞线的下料长度 $L$ 按下面两种情况计算：

（1）一端张拉（图 10-4）

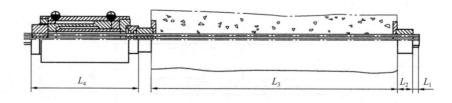

图 10-4 钢绞线一端张拉示意

$$L = L_1 + 2 \times L_2 + L_3 + L_4$$

式中 $L_1$——固定端钢绞线露出锚具的长度，一般取 100～200mm；

$L_2$——工作锚厚度；

$L_3$——应力筋孔道长度；

$L_4$——张拉端千斤顶的工作长度。

（2）两端张拉

$$L = L_3 + 2(L_2 + L_4)$$

当固定端采用内埋式 P 型挤压锚具或 H 型压花锚具时，钢绞线的压花长度应算至锚具内埋位置。

## 二、预应力筋下料与编束

预应力筋一般均为高强钢材，如局部过热或急剧冷却，将引起该部位的马氏体组织脆性变态，小于允许张拉力的荷载即可造成脆断，危险性很大。因此，现场加工或组装预应力筋，不得采用加热、焊接和电弧切割。

### 1. 预应力钢丝的下料与编束

（1）预应力钢丝的下料

下料一般在平坦的场地进行，场地应铺设彩条布等隔离物，防止预应力筋受污染。下料误差应控制在－50～＋100mm 以内。下料过程中，如发现钢丝表面有电接头或机械损伤，应及时剔除。

采用镦头锚具时，钢丝的等长要求较严。同束钢丝下料长度的相对差值（指同束钢丝中最长与最短的长度之差）不应大于 L/500（L 为钢丝下料长度），且不得大于 5mm。为了达到这一要求，钢丝下料可用钢管限位法或用牵引索在拉紧状态下进行。

（2）预应力钢丝的编束

为保证钢丝束两端钢丝排列顺序一致，穿束与张拉时不致紊乱，每束钢丝都必须进行编束，选用锚具不同，编束方法也有差异。

采用镦头锚具时，根据钢丝分圈布置的特点，首先将内圈和外圈钢丝分别用钢丝按顺序编扎，然后将内圈钢丝放在外圈钢丝内扎牢。为了简化钢丝编束，钢丝的一端可直接穿入锚杯，另一端在距端部约 20cm 处编束，以便穿锚板时钢丝不紊乱，钢丝束中间部分可根据长度适当编扎几道。

采用钢质锥形锚具（弗氏锚）时，钢丝编束可分为空心束和实心束两种，但都需用圆盘梳丝板理顺钢丝，并在距钢丝端部 5～10cm 处编扎一道，使张拉分丝时不致紊乱。采用空心束时，每隔 1.5m 放一个弹簧衬圈。其优点是束内空心，灌浆时每根钢丝都被水泥浆包裹，钢丝束的握裹力好，但钢丝束外径大，穿束困难，钢丝受力也不均。采用实心束可简化工艺，减少孔道摩擦损失。为了检查实心束的灌浆效果，在灌浆后凿开孔道，检查水泥浆饱满，钢丝未裸露，同时试验结果表明实心束的握裹力也是足够的。

### 2. 钢绞线的下料与编束

钢绞线下料场地应平坦，下垫方木或彩条布，不得将钢绞线直接接触土地以免生锈，也不得在混凝土地面上生拉硬拽，磨伤钢绞线，下料长度测量误差应控制在－50～＋100mm 以内，钢绞线的盘重大、盘卷小、弹力大，为了防止在下料过程中钢绞线紊乱并弹出伤人，事先应制作一个简易的铁笼，套住钢绞线盘。

钢绞线的下料宜用砂轮切割机，不得采用电焊或氧割方式切割。砂轮切割机有手提式及固定式两种。

钢绞线的编束宜采用 20 号钢丝绑扎，间距 1～1.5m，编束时应先将钢绞线理顺，并尽量使各根钢绞线松紧一致。如单根穿入孔道，则不编束，但应在每根钢绞线上贴上标签，标明长度及代号以利于分类存放和穿束。

**3. 钢筋束的下料与编束**

钢筋束的钢筋直径一般在 12mm 左右，钢筋束的制作包括开盘冷拉、下料、编束等工作。钢筋束的下料，可在冷拉和镦粗后进行。下料后的钢筋，按规定的根数编织成束，方法同钢丝束。

采用镦头的钢筋束时，在编束时先将镦头相互错开 5～10cm，待穿入孔道后再用锤敲平。

## 三、固定端制作

预应力工程固定端一般分三类，即镦头、挤压和压花，不同的固定端采用不同设备制作。

采用镦头形式时，预应力筋主要为钢丝，分 $\phi5$ 和 $\phi7$ 两种。$\phi5$ 钢丝采用 LD10 镦头器进行镦头，$\phi7$ 钢丝用 LD20 镦头器进行镦头，镦头尺寸应符合表 10-1 要求，镦头质量要符合规范要求。

镦头尺寸要求 表 10-1

| 序号 | 钢丝直径 $d$（mm） | 镦头器型号 | 镦头压力（MPa） | 头形尺寸（mm） $d_1$ | $h$ |
|---|---|---|---|---|---|
| 1 | 5 | LD10 | 32～36 | 7～7.5 | 4.7～5.2 |
| 2 | 7 | LD20 | 40～43 | 10～11 | 6.7～7.3 |

采用挤压锚形式时，用挤压机进行挤压头的制作，挤压锚具包括挤压套挤和挤压簧。根据钢绞线规格，分为 15P 型和 13P 型，其中 15P 型对应直径 15.24mm 的钢绞线；13P 型对应直径 12.7mm 的钢绞线。挤压锚安装示意图如图 10-5 所示。

不同锚固体系各技术参数有所不同，表 10-2 为 OVM 锚固体系所对应的参数。

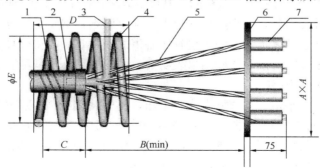

图 10-5 挤压锚安装示意
1—波纹管；2—约束圈；3—出浆管；4—螺旋筋；5—钢绞线；
6—固定锚板；7—挤压套挤压簧

OVM 固定端 P 型锚参数表　　　　　　　表 10-2

| 规格 | $A \times A$ | $B$(min) | $C$ | $D$ | $\phi E$ |
|---|---|---|---|---|---|
| OVM. P15-2 | $100 \times 80(90 \times 70)$ | 180(120) | 110(85) | 160(200) | 115(110) |
| OVM. P15-3 | 120(100) | 180(120) | 110(85) | 200(200) | 130(120) |
| OVM. P15-4 | 140(120) | 240(180) | 110(110) | 200(200) | 140(135) |
| OVM. P15-5 | 155(140) | 300(180) | 110(110) | 200(200) | 155(145) |
| OVM. P15-6 | 170(150) | 380(300) | 120(110) | 200(200) | 172(165) |
| OVM. P15-7 | 185(170) | 380(380) | 120(110) | 200(200) | 172(165) |
| OVM. P15-8 | 195(170) | 440(380) | 120(110) | 200(200) | 185(175) |
| OVM. P15-9 | 210(220) | 440(440) | 120(120) | 200(250) | 200(190) |
| OVM. P15-10 | 220(220) | 500(440) | 135(120) | 250(250) | 214(216) |
| OVM. P15-11 | 230(220) | 500(440) | 135(120) | 250(250) | 214(216) |
| OVM. P15-12 | 240(220) | 500(440) | 135(120) | 250(250) | 214(216) |
| OVM. P15-13 | 250(250) | 500(500) | 135(135) | 250(250) | 224(230) |
| OVM. P15-14 | 260(250) | 560(500) | 135(135) | 275(250) | 240(230) |
| OVM. P15-15 | 260(250) | 560(500) | 135(135) | 330(250) | 250(240) |
| OVM. P15-16 | 260(250) | 560(500) | 135(135) | 330(250) | 250(240) |
| OVM. P15-17 | 285(250) | 720(500) | 135(135) | 360(250) | 260(240) |
| OVM. P15-18~19 | 300(250) | 720(500) | 135(135) | 360(250) | 270(265) |
| OVM. P15-20~22 | 325 | 900 | 135 | 360 | 300 |
| OVM. P15-23~27 | 350 | 1000 | 135 | 360 | 330 |
| OVM. P15-28~31 | 380 | 1100 | 135 | 420 | 352 |
| OVM. P15-32~34 | 400 | 1100 | 135 | 480 | 386 |
| OVM. P15-35~37 | 420 | 1200 | 135 | 480 | 394 |

注：括号内数据为 OVM. P13 固定端 P 型锚参数。

　　采用压花锚具时，用 YH3 型压花机进行压花，将钢绞线端头压成梨形散花头的一种粘结式锚具，压花尺寸如图 10-6 所示（$d$ 为钢绞线直径）。

　　对多根钢绞线梨形头应分排埋置在混凝土内，为提高压花锚四周混凝土及散花头根部混凝土抗裂强度，在散花头头部配置构造筋，在散花头根部配置螺旋筋，固定端压花锚结构如图 10-7 所示。

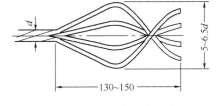

图 10-6　钢绞线压花尺寸

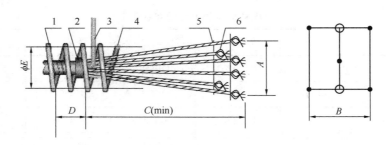

图 10-7　固定端压花锚结构

1—波纹管；2—约束圈；3—排气管；4—螺旋筋；5—支架；6—钢绞线梨形自锚头

# 第四节　预　留　孔　道

## 一、预应力筋孔道布置

预应力筋的孔道形状有直线、曲线和折线三种。孔道的直径与布置，主要根据预应力混凝土构件或结构的受力性能，并参考预应力筋张拉锚固体系参数确定。

### 1. 孔道直径

对粗钢筋，孔道的直径应比预应力筋直径、钢筋的对焊接头处外径或需穿过孔道的锚具外径大 10～15mm。对钢丝或钢绞线，孔道的直径应比预应力束外径大 10mm 以上，且孔道截面积应大于预应力筋面积的 2 倍。

### 2. 孔道布置

预应力筋孔道之间的净距不应小于 50mm，孔道至构件边缘的净距不应小于 40mm，凡需要起拱的构件，预留孔道宜随构件同时起拱。

### 3. 孔道端头排列

预应力筋孔道端头连接承压钢垫板或锚垫板，由于锚下局部承压要求及张拉设备操作空间的要求，孔道端部排列间距往往和构件内部排列间距不同。此外，由于成束预应力筋的锚固工艺要求，构件孔道端通常需要扩大孔径，形成喇叭口形孔道。不同的锚固体系其构件端部排列间距及扩孔直径不相同，详细尺寸可参见施工所选用锚固体系的技术参数。

## 二、孔道成形方法

预应力筋的孔道可采用预埋波纹管、钢管抽芯和胶管抽芯等方法成形。对孔道成形的基本要求是：孔道的尺寸与位置正确，孔道平顺，接头不漏浆，端部预埋锚垫板应垂直于孔道中心线。孔道成形的质量，对孔道摩阻损失的影响较大，应严格把关。

### 1. 预埋波纹管法

（1）金属波纹管分类

金属波纹管是用冷轧钢带或镀锌钢带在卷管机上压波后螺旋咬合而成。按照相邻咬口之间的凸出部（即波纹）的数量分为单波纹和双波纹；按照截面形状分为圆形和扁形；按照径向刚度分为标准型和增强型；按照钢带表面状况分为镀锌波纹管和不镀锌波纹管，图 10-8 为金属波纹管。

一般工程可以选用标准型、圆形、不镀锌的波纹管。扁形波纹管用在采用扁形锚具的板类构件。增强型波纹管可代替钢管用于竖向预应力筋孔道或特殊工程。镀锌波纹管可用于有腐蚀介质的环境或结构后浇带等暴露期较长的情况。该方法使用简单、方便，成孔质量易于控制，为目前工程上最普遍采用的方法。

图 10-8　金属波纹管

（2）塑料波纹管的分类

近年来，随着工程上对预应力工程腐蚀问题的重视，真空灌浆技术得以发展和普及，塑料波纹管主要针对真空灌浆技术而产生，现在，对于防腐要求高的工程也普遍使用。塑料波纹管有圆形和扁形两种，不同的锚固体系有不同的规格尺寸。

（3）波纹管的搬运与堆放

波纹管搬运时应轻拿轻放，不得抛甩或在地上拖拉，吊装时采用吊架安放，不得以一根绳索在当中拦腰捆扎起吊。金属波纹管在室外保管时间不宜过长，不得直接堆放在地面上，应采取有效措施防止雨露和各种腐蚀性气体的影响。波纹管在仓库内长期保管时，仓库应干燥、防潮、通风，无腐蚀气体和介质。

**2. 钢管抽芯法**

钢管抽芯用于直线孔道。钢管表面必须圆滑，预埋前应除锈、刷油，如用弯曲的钢管，转动时会使沿孔道方向产生裂纹，甚至塌陷。钢管在构件中用钢筋"井"字架固定位置，"井"字架每隔 1.0～1.5m 设置一个，与钢筋骨架扎牢。两根钢管接头处可用 0.5mm 厚铁皮做成的套管连接，套管内表面要与钢管外表面紧密贴合，以防漏浆堵塞孔道。钢管一端钻一直径 16mm 的小孔，以备插入钢筋棒，转动钢管。抽管前应每隔 10～15min 转管一次。如发现表面混凝土产生裂纹，用铁抹子压实抹平。抽管时间与水泥的品种、气温和养护条件等有关，一般常温下抽管时间约在混凝土浇筑后 3～5h。该方法为早期预应力工程所采用，缺点是使用范围窄，施工难度大，容易造成废孔，质量不易控制，易造成混凝土构件质量隐患等，目前应用很少。

**3. 胶管抽芯法**

留孔用胶管采用 5～7 层帆布夹层、壁厚 6～7mm 的普通橡皮管，可用于直线、曲线或折线孔道。使用前，把胶管一头密封，勿漏水、漏气。密封的方法是将胶管的一端外表面削去 1～3 层胶皮及帆布，然后将外表面带有粗丝扣的钢管（钢管一端用铁板密封焊牢）插入胶管端头孔内，再用 20 号钢丝在胶管外表面密缠牢固，钢丝头用锡焊牢。胶管另一端接上阀门，其接法与密封端基本相同。

短构件留孔，可用一根胶管对弯后穿入两平行孔道。长构件留孔，必要时可将两根胶管用铁皮套管接长使用，套管长度以 400～500mm 为宜，内径应比胶管内径大 2～3mm。固定胶管位置用的"井"字架，一般每隔 600mm 放置一个，并与钢筋骨架扎牢，然后充水（或充气）加压到 0.5～0.8N/mm²，此时胶皮管直径可增大约 3mm。振捣混凝土时，振动棒不要碰胶管，要求经常检查压力表的压力是否正常，如有变化必须补压。抽管前，先降压，待胶管断面缩小与混凝土自行脱落即可抽管。抽管时间比抽钢管略迟。抽管顺序为先上后下，先曲后直。该方法较钢管成孔法有了很大的改进，但仍存在施工工艺复杂，不易控制质量，容易造成废孔等缺点，故多用于早期预应力工程，现在应用很少。

**4. 灌浆孔、排气孔、排水孔与泌水管**

在构件两端及跨中应设置灌浆孔或排气孔，灌浆孔或排气孔也可设置在锚具或锚垫板处。灌浆孔用于进浆，其孔径一般不宜小于 16mm，灌浆孔应设置成标准螺纹，便于与灌浆管连接。排气孔是为了保证孔道内空气排除通畅，不形成封闭死角，保证水泥浆充满孔道。施工过程中一般将灌浆孔和排气孔统一做成灌浆孔形式，方便使用。灌浆孔（或排气孔）在孔道高点时应设在孔道上侧方，在孔道低点时应设在孔道下侧方。

排水孔一般设在每跨曲线孔道的最低点，开口向下，主要用于排除灌浆前孔道内冲洗用水或养护时进入孔道内的水分。泌水管设在每跨曲线孔道的最高点处，开口向上，露出梁面的高度一般不小于 500mm，泌水管用于排除孔道灌浆后水泥浆的泌水，当浆体出现大的收缩时，可通过泌水管二次补浆。

灌浆孔的做法，对一般预制构件可采用木塞留孔。木塞应抵紧钢管、胶管或波纹管并固定，严防混凝土振捣时脱开。对于现浇预应力结构波纹管的留孔，其做法是在波纹管上开口，用带嘴的塑料弧形压板与海绵垫片覆盖并用钢丝扎牢，再接增强塑料管（外径 20mm，内径 16mm）。为保证留孔质量，波纹管上可先不打孔，在外接塑料管内插一根 $\phi 12$ 的光面钢筋露出外端，待孔道灌浆前再用钢筋打穿塑料管，拔出钢筋。

# 第五节　钢筋混凝土工程

预应力筋预留孔道的施工过程与钢筋工程同步进行，施工时应对节点工程进行放样，调整钢筋间距及位置，保证预留孔道顺畅通过节点。在钢筋绑扎过程中应小心操作，保护好预留孔道位置、形状及外观。在电焊操作时，禁止电焊火花触及波纹管及胶管，应切实保护好预留孔道。

混凝土浇筑是一道关键工序，禁止振动棒直接振动波纹管，混凝土入模时，严禁将下料斗出口对准孔道下料。此外，混凝土材料中不应含有带氯离子的外加剂或其他侵蚀性离子。

混凝土浇筑完成后，对采用抽拔管成孔时，应及时组织施工人员抽拔钢管或胶管，检查孔道及灌浆孔等是否畅通；对采用预埋波纹管成孔时，应在混凝土终凝后，派人用通孔器反复清理孔道，或反复抽动孔道内的预应力筋，清理灌浆孔，确保孔道及灌浆孔通畅。

# 第六节　预应力筋穿束

将预应力筋穿入孔道，简称为穿束。穿束需要解决两个问题：穿束时机与穿束方法。

## 一、穿束时机

根据穿束与浇筑混凝土之间的先后关系，分为先穿束法和后穿束法。

**1. 先穿束法**

先穿束法，即在浇筑混凝土之前穿束。特别适用埋入式固定端或中间采用连接器的施工工艺。此法穿束省力，但穿束占用工期，束的自重引起的波纹管摆动会增大摩擦损失，束端保护不当易生锈。

**2. 后穿束法**

后穿束法，即在浇筑混凝土之后穿束，特别适宜采用抽拔管成孔的工艺。此法可在混凝土养护期内进行，不占工期。穿束后即可张拉，易于防锈，但此法穿束较为费力。

孔道采用预埋管成孔工艺时，既可采用先穿束法，也可采用后穿束法，根据需要和现场情况而定。采用先穿束法时，孔道重量加大，要注意固定好管道不致变位，外漏预应力筋和管道端口要注意包裹保护和封堵，混凝土终凝后应及时反复抽拉预应力筋，防止因孔道漏浆凝固而造成质量事故；采用后穿束法，穿束前要先冲孔和清洗孔道至通畅、干净。

## 二、穿束方法

根据一次穿入预应力筋数量，可分为整束穿和单根穿。钢丝束应整束穿，钢绞线优先采用整束穿，也可用单根穿。穿束工作可由人工、卷扬机和穿束机配合进行。

**1. 人工穿束**

人工穿束时，较轻的束可直接利用人工抬起穿束，速度较快；对较重的束，可利用起重设备配合将预应力筋吊起，施工人员站在脚手架上逐步穿入孔内。束的前端应扎紧并裹胶布，以便顺利通过孔道。对多波曲线束，宜采用特制的牵引头，工人在前头牵引，后头推送，用对讲机保持前后两端同时出力。

**2. 卷扬机穿束**

用卷扬机穿束，主要用于长束、重束、多波曲线束等整束穿的情况。卷扬机应采用慢速型（约 10m/min，电动机功率为 1.5～2.0kW），束前端应装有穿束网套或特制牵引头。穿束网套可用细钢丝绳编织。网套上端通过挤压方式装有吊环，使用时将钢绞线装入网套中，前端用钢丝扎紧，顶紧不脱落即可。

**3. 穿束机穿束**

穿束机穿束适用于大型桥梁与构筑物单根穿钢绞线的情况。穿束机有两种类型：一是由油泵驱动链板夹持钢绞线传送，速度可以任意调节，穿束可进可退，使用方便；二是电动机经减速箱减速后由两对滚轮夹持钢绞线传送。进退可由电动机正反转控制。穿束时，钢绞线前头应套上一个子弹头形壳帽。

# 第七节　预应力筋张拉

## 一、张拉施工准备

预应力筋张拉是预应力混凝土结构施工的关键工序，施工前应细心准备、精心组织，保证张拉施工的顺利进行。后张预应力混凝土结构张拉的施工准备工作如下：

**1. 材料、设备及配套工具的准备**

（1）锚具、预应力筋进场

锚具进场时应按现行《混凝土结构工程施工质量验收规范》GB 50204 和《预应力筋用锚具、夹具和连接器应用技术规程》JGJ 85 等规范要求进行材料试验，合格后方可使用。预应力筋主要进行力学性能，按验收批量的 10%（不少于 2 批）做现场见证取样抽检；锚具主要进行外观检查（10%，不少于 10 套）、硬度检验（5%，不少于 5 套）、组装件静载锚固性能试验等（3 组，对一般工程，也可由厂家提供试验报告）。检验要在具有资质的第三方检测单位进行。

（2）张拉设备的选用及标定

施工时根据所用预应力筋的种类及其张拉锚固要求选用张拉设备。张拉设备的穿心孔径要大于预应力筋的最大外形尺寸 10mm；张拉设备额定张拉力要大于最大张拉力 10% 以上；设备张拉行程要大于预应力筋张拉伸长值（如张拉行程不足时，可采用多次分级张拉的方法，前提条件是所选用的锚、夹具应适应重复张拉锚固的性能要求）；油泵的额定油压要大于最大张拉力所对应的油压；油压表的最大刻度值要大于油泵的额定油压，油压表的精密等级要符合设计要求；张拉设备和油压表必须在第三方有资质的检验单位进行检验和配套标定，确定张拉力与压力值的关系曲线。

**2. 结构、构件的准备**

预应力筋张拉前，应提供结构构件混凝土的强度试压报告。当混凝土的立方体强度满足设计要求后，方可施加预应力。

施加预应力时构件的混凝土强度应根据设计图纸要求，如设计无要求时，不应低于强度等级的 75%。

如为了搬运等需要，对后张法构件可提前施加一部分预应力，使梁体建立较低的预压应力，足以承受自重荷载，但混凝土强度不应低于设计强度的 60%。

**3. 预应力筋张拉力值计算**

张拉前，应懂得预应力筋的张拉力计算方法，正确控制张拉力。张拉力越高，构件的抗裂性能越好，但张拉力过大，容易造成反拱过大或预拉区出现裂缝，缩短构件使用寿命；张拉力小，预应力值不足，承载力下降，预拉区可能过早出现裂缝，造成安全隐患和缩短构件寿命等质量事故和问题。因此，设计人员不仅要在图纸上标明张拉力大小，而且还要注明所考虑的预应力损失项目与取值。施工过程中如遇到实际施工与设计不符，需及时告知设计，必要时由设计调整张拉力，以准确建立预应力值。

（1）预应力筋设计张拉力

预应力筋 $P_j$ 可按下式计算：

$$P_j = \sigma_{con} \times A_p$$

式中　$\sigma_{con}$——预应力筋设计张拉控制应力值；

　　　$A_p$——束预应力筋的截面积。

预应力筋设计张拉控制应力值 $\sigma_{con}$ 应符合表 10-3 规定。

**张拉控制应力 $\sigma_{con}$ 允许值** 表 10-3

| 序 号 | 预应力钢材品种 | 张拉方法 | |
|---|---|---|---|
| | | 先张法 | 后张法 |
| 1 | 消除应力钢丝、钢绞线 | $0.75f_{ptk}$ | $0.75f_{ptk}$ |
| 2 | 热处理钢筋 | $0.70f_{ptk}$ | $0.65f_{ptk}$ |

注：$f_{ptk}$ 为预应力筋抗拉强度标准值。

（2）预应力筋施工张拉力

预应力筋张拉施工时，相应于设计所考虑的松弛损失计算方法，采用以下施工程序及张拉力值：

1）设计时松弛损失按一次张拉程序取值

$0 \rightarrow P_j$ 锚固

2）设计时松弛损失按超张拉程序取值

对镦头锚等可卸载锚具，$0 \rightarrow 1.05P_j \rightarrow P_j$ 锚固

对夹片锚等不可卸载锚具，$0 \rightarrow 1.03P_j$ 锚固

以上各种张拉操作程序，均可分级加载，分级测量伸长值。

（3）张拉力值的测量

预应力筋施工中，张拉力值的测量应通过油压表实现。可预先通过千斤顶、油压表配套标定的油压值-张拉力关系曲线换算成相应的张拉油压表数值，油压表的精度等级不宜低于 1.5 级。

**4. 预应力筋张拉伸长值计算**

（1）张拉伸长值计算

预应力筋张拉伸长值 $\Delta L$，可按下式计算：

$$\Delta L = \frac{P \cdot L_T}{A_p E_S}$$

$$P = P_j \left( 1 - \frac{kx + \mu\theta}{2} \right)$$

式中 $P$——预应力筋的平均张拉力，取张拉端张拉力与跨中（两端张拉）或固定端（一端张拉）扣除孔道摩擦损失后的拉力平均值；

$L_T$——预应力筋的实际长度；

$A_p$——预应力筋的截面面积；

$E_S$——预应力筋的实测弹性模量；

$P_j$——张拉控制力，超张拉时按超张拉力取值；

$k$——孔道局部偏摆系数，按规范取值；

$\mu$——预应力筋与孔道壁的摩擦系数，按规范取值；

$x$——从张拉端至计算截面的孔道长度（以 m 计），可近似取轴线投影长度，对一端张拉 $x = L_T$，对两端对称张拉 $x = L_T/2$；

$\theta$——从张拉端至计算截面的孔道部分切线的夹角（以弧度计），对一端张拉，$\theta$ 取曲线孔道的总转角，对两端张拉，$\theta$ 取曲线孔道总转角的一半，如图 10-9 所示。

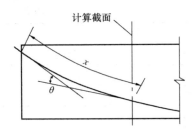

图 10-9　孔道摩擦损失计算简图

用上述方法计算时，对多曲线段组成的曲线束，或直线段与曲线段组成的折线束，应分段计算，然后叠加，较为准确。

（2）张拉伸长值测量

实际施工时，先张拉 10% 张拉力，预紧预应力筋，用钢直尺测量千斤顶活塞长度，作为初始伸长值；分级张拉，每张拉一级，记录油压值和活塞伸长值，直到最后一级按要求超张拉完成；千斤顶卸压锚固，卸压至张拉力 10% 时，测量活塞伸长值，测锚固损失值。

现场实测预应力筋伸长值为：

$$\Delta L_{实测} = \Delta L_1 + \Delta L_2 - \Delta L_3 - \Delta L_4$$

式中　$\Delta L_1$——预应力筋 10% 张拉力时的伸长量，可用理论计算值代替；

　　　$\Delta L_2$——超张拉完成时的活塞量测值与活塞初始值之差；

　　　$\Delta L_3$——锚固损失值，超张拉完成时的活塞量测值与卸压锚固后至张拉力 100% 时活塞测值之差；

　　　$\Delta L_4$——工作段伸长值。

（3）伸长值校核

实际施工时，计算伸长值与实际测量值会存在误差，误差值必须在规范要求范围内。

$$K = (\Delta L_{实测} - \Delta L_{计算}) / \Delta L_{计算} \times 100\%$$

按规范规定：$-6\% \leqslant K \leqslant 6\%$。

张拉前，需预先计算出每级张拉力对应伸长值。张拉过程中对应每级进行伸长值校核，若发现 $K$ 超出范围时，要立即暂停张拉，并检查原因。确认正常或采取措施后方可继续张拉。

## 二、预应力筋张拉

**1. 预应力筋张拉顺序**

预应力筋的张拉顺序，应使结构及构件受力均匀、同步，不发生扭转、侧弯，不应使混凝土产生超应力，不应使其他构件产生过大的附加内力即变形等张拉原则。因此，无论对结构整体还是对单个构件而言，都应遵循同步、对称张拉的原则。此外，安排张拉顺序还应考虑到尽量减少张拉设备的移动次数。

**2. 张拉前的准备**

清理锚垫板及钢绞线上的灰浆和杂物，准备好张拉设备、锚具、夹具、起吊工具、量测工具、打紧器等辅助工具等，记录用的纸、笔。

**3. 张拉过程一般分为以下步骤：**

（1）安装工作锚板及工作夹片

安装时工作锚板要放入锚垫板止口内，贴紧锚垫板，工作夹片装入后要求表面平整，2 片（或 3 片）夹片间隙均匀，用端面平整的工具如打紧器、钢管等，对夹片逐幅敲紧，如图 10-10 所示。

（2）安装限位板

根据钢绞线的规格将正确的止口端对准工作锚板上，按孔排布顺序对应穿入，并使限位板止口套在工作锚板上，如图 10-11 所示。

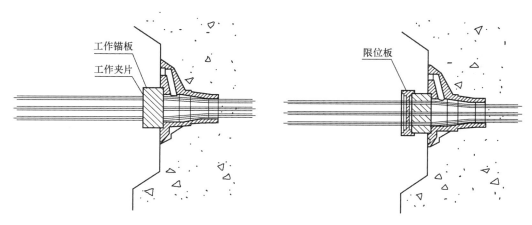

图 10-10　安装工作锚板和工作夹片　　　图 10-11　安装限位板

（3）安装千斤顶

在用穿心式千斤顶进行整体张拉之前，为使每根钢绞线受力均匀，应先用单根张拉的千斤顶对每根钢绞线进行逐一预紧，通常采用的预紧千斤顶型号为 YDC240QX 前卡式千斤顶，预紧力通常为 $(0.1\sim0.2)P_j$（$P_j$ 为单根预应力筋设计张拉力）。逐一预紧完成后，再安装穿心式千斤顶。安装时，千斤顶前端活塞止口套在限位板外圆，如装上后限位板与活塞止口之间间隙过大（大于 5mm），则应加工垫环放在定位活塞止口中，再套到限位板外圆上，如图 10-12 所示，千斤顶前端止口应对准限位板。千斤顶安装好，用手拉葫芦或其他工具固定。

（4）安装工具锚板及工具夹片

先将工具夹片外锥面及工具锚板内锥孔用干净棉布擦拭干净，将工具锚板装入千斤顶后部台阶孔内（注意：工具锚板与工作锚板为同一锚固体系的配套产品），如图 10-13 所示，工具锚应与前端工作锚具对正，不得使工具锚与工作锚之间的钢绞线扭绞。为便于工具夹片退锚，工具夹片外锥面可均匀涂抹专用退锚灵。

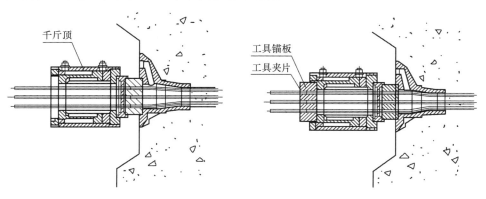

图 10-12　安装千斤顶　　　　　图 10-13　工具锚板和工具夹片安装

（5）预应力张拉

安装好工具锚板和工具夹片后，按设计或规范要求张拉，如图 10-14 所示。张拉分级，缓慢均匀加载。分级按设计要求进行预应力筋长度小于 20m，可采用一端张拉，大于 20m 时，宜采用二端张拉。预应力筋为直线型布置时，一端张拉的预应力筋长度可放宽到 35m。

（6）锚固及活塞回程

达到超张拉力后，持荷 2～5min，若有应力损失，继续补张拉，重新持荷；若无应力损失，可测量活塞值，再将荷载卸荷至零，千斤顶回程，如图 10-15 所示。

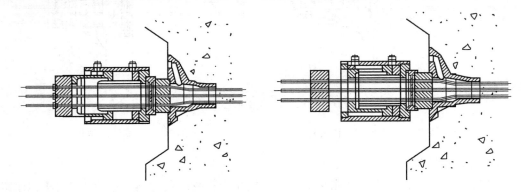

図 10-14　预应力张拉　　　　　　　图 10-15　锚固及活塞回程

（7）拆除张拉设备并切除多余钢绞线

张拉后，在锚口处钢绞线做标记，观察 24h，无异常后切除多余钢绞线，要求钢绞线外露至锚板端面长度不宜小于 30mm，如图 10-16 所示。

（8）灌浆

预应力筋张拉无异常后，及时组织灌浆，如图 10-17 所示。采用灌浆泵将水泥浆压灌到预应力筋孔道中。其作用有：一是保护预应力筋，以免生锈；二是使预应力筋与混凝土有效粘结，减轻梁端锚具的负荷。灌浆前采用压缩空气或高压水冲洗孔道干净，采用高压

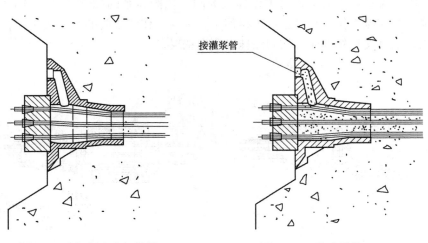

接灌浆管

图 10-16　切割多余钢绞线　　　　图 10-17　孔道灌浆

水时还应采用压缩气将孔道积水吹干净，然后封堵夹片缝隙及其他漏浆处，只留灌浆管和排气管口。灌浆从一端灌入，从排气口出浓浆后，封闭排气口，点动灌浆泵，达到压力后持压 0.5～0.6MPa，保证灌浆密实。

（9）封锚

灌浆完成后，采用同强度等级水泥浆封闭锚头，如图 10-18 所示，也可采用安装防护罩等方式。

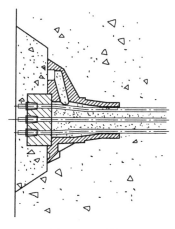

图 10-18　封锚

**4. 张拉注意事项**

（1）预应力筋的切割，宜采用砂轮锯，不得采用电弧切割。

（2）工具夹片和工作夹片不可混用。

（3）工具锚板、工具夹片可重复使用；工作锚板、工作夹片不能重复使用。

（4）张拉时应有安全措施，张拉千斤顶后不得站人，张拉预应力筋两端均不得站人。

（5）锚固体系应配套使用，不能混用。如使用 OVM 锚固体系，则锚具、夹具、限位板、锚垫板、螺旋筋、波纹管及张拉设备均应采用 OVM 产品，不能与其他体系混用。

# 第十一章　后张无粘结预应力施工

无粘结预应力筋是指施加预应力后全长与周围混凝土不粘结的预应力筋，它由预应力

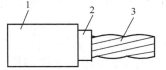

图 11-1　无粘结预应力筋的组成
1—PE 管；2—油脂；
3—钢绞线或钢丝束

钢材、涂料层和包裹层组成，如图 11-1 所示。
　　无粘结预应力技术是后张预应力技术的一个重要分支。无粘结预应力混凝土是指配有无粘结预应力筋，依靠锚具传力的一种预应力混凝土。其施工过程是：浇筑混凝土前，先将无粘结预应力筋按要求布设好，和混凝土一并浇筑，达到强度后进行张拉锚固。这种混凝土的最大优点是施工安装方便，不用预留孔道和灌浆。

## 第一节　后张无粘结预应力施工工艺

后张无粘结预应力混凝土结构施工比有粘结预应力施工工艺简单、方便，它无需留孔、穿束、灌浆。后张无粘结预应力混凝土结构施工工艺流程见图 11-2。

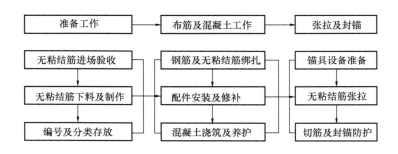

图 11-2　后张无粘结预应力混凝土结构施工工艺流程

## 第二节　无粘结筋检验、下料及铺设

### 一、无粘结筋进场验收

无粘结筋出厂时，每盘上都挂有标牌，并附有质量保证书。进场时按下述规定验收，每个用户每次同规格订货为一检验批，且每批重量不大于 30t。

无粘结筋的外观，应逐盘检查。油脂与 PE 护套检查，每批抽样 3 根，每根长 1m，称出产品重量后，用刀剖开塑料护套，分别用柴油清洗擦净，再分别用天平称出钢材与 PE 管重，用总重量减去钢材和 PE 管重即得油脂重；再用千分卡尺量取塑料每段端口最

厚处与最薄处的两个厚度取平均值。预应力钢材的力学性能检验，按 30t 组批现场抽检母材钢绞线，进行力学性能试验，长度 1m/根，3 根为 1 组。

无粘结预应力筋的质量应符合现行行业标准《无粘结预应力钢绞线》JG 161 的要求。具体质量要求如下：

（1）产品外观：油脂饱满均匀，PE 管圆整光滑，松紧恰当。

（2）油脂用量：对 $\phi$15.2 钢绞线或 7$\phi^s$ 钢丝束不小于 0.5kg/10m，对 $\phi$12.7 钢绞线不小于 0.43kg/10m。

（3）PE 管厚度：在正常环境不小于 0.8mm，在腐蚀环境不小于 1.2mm。

当全部的检验项目均符合标准的技术要求时，该批产品为合格品；当检验项目有不合格项目时，对不合格项目应重新加倍取样进行复检，若复检结果仍不合格，则该批产品为不合格品。

### 二、无粘结筋的下料

无粘结预应力筋可以在制束厂或专门的加工厂下料、编号、分类存放，然后按要求规格、数量、使用日期运至施工现场，也可以在施工现场进行下料操作。工厂化生产质量易保证，施工管理方便，但应注意运输过程中对无粘结筋成品的保护。现场下料，应在平整光滑的场地上进行，预应力筋下垫钢管或方木，上铺彩条布。

无粘结筋的下料长度，与预应力筋的布置形状、所采用的锚固体系及张拉设备有关。采用夹片式锚具时，无粘结筋的下料长度＝埋入构件（或结构）混凝土内的长度＋两端外露长度。两端外露长度根据张拉设备和张拉方法而异。

### 三、无粘结筋的铺设

无粘结筋的铺设应符合如下技术要求：

（1）下料切筋：无粘结预应力筋运到现场后，首先选择在平整的场地上打开散盘，下料长度要考虑结构的曲线筋长度、固定端长度、张拉设备操作长度等尺寸。下料采用砂轮锯机械切割。切割后的无粘结筋应逐根对外涂层进行外观检查，发现破损漏油处要及时修补封闭。

（2）穿筋：铺设无粘结预应力筋时，应严格按设计图纸要求，并预先编号、依次穿入。

1）无粘结预应力筋宜用支撑架或其他钢筋绑扎固定，绑扎时力度要控制好，太紧容易伤及无粘结预应力筋塑料套；绑扎太松，混凝土振捣时易产生变位。支撑架间距以 1～1.5m 为宜。其尺寸允许偏差：板、肋内±5mm、在梁内为±10mm。

2）双向布置无粘结预应力筋时，在交叉点处宜先穿下部筋，后穿上部筋。

3）双向布置无粘结预应力筋铺放时，不得扭绞。

4）张拉端、固定端位置正确。

5）无粘结筋布置要平滑顺直，以减少应力损失。

（3）成束：无粘结预应力筋单根穿入梁中时，在各部位均应"平行排筋"，遇到有扭转的筋时，应重排以实现"平行"。

（4）扎筋：在框架内编无粘结筋时，应每隔 1.2～1.5m 处采取用粘胶带粘在隔离层外，将相应无粘结预应力筋捆扎（并加扎丝）为一束。

## 第三节　无粘结筋的张拉

无粘结筋的张拉可参考后张有粘结预应力筋的张拉，所不同之处是无粘结筋在张拉之前应将张拉端的 PE 管剥去，并将其油脂擦干净，以保证工作夹片的夹持效果。

将 PE 管剥去，将油脂擦干净后安装工作锚板、工作夹片、限位板、千斤顶、工具锚板、工具夹片，按设计要求进行张拉。张拉时混凝土强度不低于设计强度的 75％；张拉一般采用单根张拉，张拉顺序按设计要求；无粘结筋长度小于 40m 时，采用一端张拉，大于 40m 时，采用两端张拉。

## 第四节　无 粘 结 筋 封 锚

无粘结筋张拉完毕后，应及时对锚固区进行保护。外露无粘结筋应使用砂轮切割机切断，外露长度不小于 30mm。切割合格后在工作夹片及无粘结筋端部涂专用防腐油脂，用塑料套进行保护。再用混凝土封锚，封锚时要确保混凝土不与钢绞线及工作夹片直接接触。

# 第十二章 先 张 法 施 工

## 第一节 先张法施工工艺

先张法是与后张法相对而言的，先张法是一种先张拉预应力筋、后浇筑混凝土的预应力施工工艺。该工艺多应用于大型的预制场。具体过程是：先在台座上按设计规定的力用张拉机具张拉预应力筋，用夹具（通俗称为工具锚）将其临时固定在台座或模板上，然后浇筑混凝土，待混凝土达到一定强度（一般不低于设计强度的70%）后，放松预应力筋，预应力筋回缩时产生回缩力，通过预应力筋与混凝土之间的粘结作用传递给混凝土，使混凝土获得了预压应力。先张法一般用于生产中小型构件，由于其跨度小、重量轻、起吊设备简便、方便运输、张拉测力简单等种种优点，可以大批量生产预应力混凝土构件，且重复利用模板，节省锚夹具，经济性较好。它与后张法相比不仅可以节省留孔、穿筋、灌浆、封锚等工序，而且可以大量应用低、中碳钢钢丝，高强钢绞线，与普通钢筋混凝土相比节约了钢材。

### 一、预应力混凝土台面

由于普通混凝土台面受温差的影响，经常发生开裂，导致台面使用寿命缩短和构件质量下降。为了解决这一问题，有些预制构件厂采用了预应力混凝土滑动台面。预应力混凝土滑动台面的做法，是在原有的混凝土台面或新浇的混凝土基层上刷隔离剂（如塑料薄膜、废机油、滑石粉或细砂层），张拉预应力钢丝，浇筑混凝土面层。待混凝土强度达到要求后切断钢丝，台面就发生滑动。

### 二、高强预应力钢材的应用

预应力混凝土构件，常用的有：空心板、槽形板、T形板、薄板等。这些构件的预应力筋，以往多采用冷拉低碳钢丝、冷拉Ⅱ～Ⅳ级钢筋等，强度低，耗钢量大，质量也不稳定，因此，构件质量的提高应从预应力钢材入手。在先张法构件中，采用刻痕钢丝、钢绞线和普通钢绞线等高强预应力筋与冷拉钢筋相比，可节约钢材60%，且工艺简单、结构性能好，目前已广泛应用。

### 三、先张法张拉的规定

先张法张拉，应符合以下规定：

（1）光面钢丝、刻痕（或压波）钢丝、钢绞线均可用于工厂或现场生产的各类先张法预应力混凝土结构构件作为预应力筋。

（2）钢丝、钢绞线进入现场或工厂时，均应有合格证明书或认可单位试验报告单。进场后还应按《金属材料 拉伸试验 第1部分：室温试验方法》GB/T 228.1、《预应力混凝土用钢丝》GB/T 5223、《预应力混凝土用钢绞线》GB/T 5224 及相关规定进行外观质量和机械性能复检。未经复检和复检不合格的钢丝、钢绞线，不得发放使用或按降低强度另行应用。

（3）先张法预应力混凝土构件用水泥、砂、石及减水剂、水等材料质量，堆放和混凝土浇筑等要求，均与后张法有关要求相同。

（4）夹具及连接器应在每次使用前进行检查验收合格后，方可使用。

（5）钢丝、钢绞线应在平直状态下定长画线，下料钢绞线切口无松散，在画线处可用氧乙炔焰切割。切割火花不得飞溅烧伤其他部位的钢丝、钢绞线。

（6）钢丝、钢绞线要求外观顺直无死弯、无裂纹、无油污，工作长度内无烧伤和焊疤，允许有轻度锈痕。

（7）在台座中穿入钢丝、钢绞线应按先下后上，先中间后两边的顺序进行，穿筋完毕后应按图纸要求进行检查，确认穿筋位置正确，方可用夹具固定。

（8）张拉前应进行检查，如预应力筋采用有工具拉杆时，应符合如下要求：

1）工具拉杆安装前应逐根进行检查验收。正常情况下，每季度检查一次，但不超过半年。使用中如发现有刻伤和变形，应会同有关人员进行检验，确认合格后方可继续使用，并作好记录；

2）工具拉杆通过锚固梁的孔眼时，不得与孔眼边缘接触，以免张拉操作时拉杆发生断裂事故。

（9）施加预应力一般采用一端张拉工艺。

## 第二节　先张法施工安全注意事项

张拉前必须检查连接件是否完好，张拉时千斤顶后方严禁站人，台座两旁除操作人员外也禁止站人；作业人员在操作发生故障进行检查时，油泵必须停止供油；钢丝、钢绞线连接器处的台座上要加盖防护罩，在张拉受力后严禁踩碰。

预应力筋放松的注意事项如下：

（1）在构件混凝土强度达到设计强度的 75％～85％以上时，才能放松预应力筋。

（2）放松应力前，应对构件进行全面检查，合格后方可进行放张，如检查中发现有裂纹或空洞，应会同有关部门进行鉴定、处理，否则不得进行放张。

（3）放张可采用大顶整体放松工艺或采用逐根预热熔割、割断、剪断、氧气切割等方法放松，切割时宜从台座中部自里向外分批、分阶段、对称地进行。

# 第十三章 预应力钢筋安全施工常用标准规范

**1.《混凝土结构用成型钢筋制品》GB/T 29733—2013**

标准规定了混凝土结构用成型钢筋制品的专用术语、产品标记规则、产品技术要求和试验方法及质量检测规程。主要内容包括专有术语的解释，成型钢筋制品形状及标记编码原则，成品质量检验方法和判定依据，下料长度计算方法，产品包装，储存方法及配料供货所需的明细信息。此标准适用于工厂化加工的混凝土结构用成型钢筋制品。

**2.《预应力筋用锚具、夹具和连接器》GB/T 14370—2007**

标准规定了预应力筋用锚具、夹具和连接器的专用术语、定义、相关符号、产品分类、各类型产品的代号、产品标记规则、要求、试验方法、检验规则和检验结果判定标准以及包装、运输、贮存条件等内容。其中要求包括：使用要求、材料要求、制造工艺要求、外观尺寸及硬度要求、基本性能要求和质量要求等。此标准适用于体内或体外配筋的有粘结，无粘结，缓粘结的预应力混凝土结构及预应力钢结构中使用的锚具，夹具和连接器。

**3.《预应力混凝土用钢绞线》GB/T 5224—2003**

标准规定了预应力混凝土用钢绞线的分类、尺寸、外形、质量及允许偏差、技术要求、试验方法、检验规则等内容。其中技术要求包括：牌号就化学成分、制造及工艺规程、力学性能、表面质量、钢绞线的伸直性疲劳性能和偏斜拉性能等。本标准适用于由冷拉光圆钢丝及刻痕捻制的预应力混凝土结构钢绞线。

**4.《无粘结预应力筋用防腐润滑脂》JG/T 430—2014**

标准规定无粘结预应力筋用防腐润滑脂专用术语、代号、技术要求、试验方法、检验规则、验收规则和采样规则以及包装贮存要求。本标准适应于以脂肪酸混合金属皂稠化深度精制的矿物润滑油、并加入多种添加剂而制得的无粘结预应力专用防腐润滑脂。它适用于正常环境下无粘结预应力筋的润滑、防锈和防蚀。

**5.《无粘结预应力钢绞线》JG 161—2004**

标准规定了钢绞线、钢丝束无粘结预应力筋的产品分类、技术要求、试验方法、检验规则、合格品判定规则、产品贮存和运输要求等内容。本标准适用于在正常环境下使用的后张预应力混凝土结构构件中的无粘结预应力筋。

**6.《钢筋机械连接技术规程》JGJ 107—2010**

规程规定了钢筋机械连接技术专用术语、相关符号、连接接头的设计原则和性能等级、接头的应用、接头的型式检验、施工现场接头的加工与安装、施工现场接头的检验与验收等内容。本规程适用于房屋建筑与一般建筑物中各类钢筋机械连接接头的设计、应用与验收。

**7.《无粘结预应力混凝土结构技术规程》JGJ92—2004**

规程规定了无粘结预应力混凝土结构技术专用术语、相关符号、材料及锚具系统、设计与施工的基本规定、设计计算与构造、施工及验收等内容。本规程适用于工业与民用建筑和一般构筑物中采用的无粘结预应力混凝土结构的设计、施工及验收、采用的无粘结预应力筋系指埋置在混凝土构件中者或体外束。

**8.《预应力筋用锚具、夹具和连接器应用技术规程》JGJ85—2010**

规程规定了预应力筋用锚具、夹具和连接器应用技术规程的专用术语、相关符号、性能要求、设计选用规则、进场验收细则、使用要求等内容。本规程适用于预应力混凝土结构、房屋建筑预应力钢结构、岩锚和地锚等工程中预应力筋用锚具、夹具和连接器的应用。

**9.《冷拔低碳钢丝应用技术规程》JGJ 19—2010**

规程规定了冷拔低碳钢丝应用技术规程的专用术语、相关符号、基本规定、钢丝焊接网的构造规定、设计加工要求和验收标准、钢筋骨架设计等内容，其中基本规定包括钢丝的性能和钢丝加工及验收。钢筋骨架设计内容包括，预应力桩混凝土骨架、钢筋混凝土排水管骨架、环形混凝土电杆骨架的加工和质量验收。本规程适用于冷拔低碳钢丝的加工、验收及其在建筑工程、混凝土制品中的应用。

**10.《钢筋焊接及验收规程》JGJ 18—2010**

规程规定了钢筋焊接及验收规程的专用术语、相关符号、焊接材料选用要求、钢筋焊接方法、焊接工艺、焊接接头形式、焊接制品和焊接接头质量检验与验收细则、焊工考试评定标准及焊接安全常识等内容。本规程适用于一般工业与民用建筑工程混凝土结构中的钢筋焊接施工及质量检验与验收。适用的焊接方法包括钢筋电阻点焊、闪光对焊、箍筋闪光对焊、电弧焊、电渣压力焊、气压焊和预埋件 T 形接头钢筋埋弧压力焊、埋弧螺柱焊等焊接方法。

**11.《钢筋连接用灌浆套筒》JG/T 398—2012**

标准规定了钢筋连接用灌浆套筒的专用术语、相关符号、分类及型号、要求、试验方法、检验规则和包装与运输贮存条件等内容。本标准适用于钢筋混凝土结构中满足《钢筋混凝土用钢　第 2 部分：热轧带肋钢筋》GB 1499.2 及《钢筋混凝土用余热处理钢筋》GB 13014 直径为 12～40mm 钢筋接头用灌浆套筒。

**12.《预应力用液压千斤顶》JG/T 321—2011**

标准规定了预应力液压千斤顶的分类和型号、要求、试验方法及标志包装和贮存要求等内容。本标准适用于预应力工程中所有的液压千斤顶。

**13.《预应力用电动油泵》JG/T 319—2011**

标准规定了预应力用电动油泵的术语和定义、分类和型号、要求、试验方法、检验规则及标志、包装和贮存要求等内容。标准适用于预应力工程中与预应力用液压千斤顶、预应力筋用液压镦头器，预应力筋用挤压机，预应力钢绞线用轧花机等配套使用的额定压力不大于 125MPa 的以液压油或相当的其他液体为工作介质的电动油泵。

**14.《钢筋直螺纹成型机》JG/T 146—2002**

标准规定了钢筋直螺纹成型机的分类、技术要求、试验方法、检验规则以及标志、包装、贮存的内容。其中技术要求包括：一般要求、电气系统要求、工作性能要求、操作系统要求、可靠性要求等。试验方法包括：试验条件要求、整机技术参数和电气系统安全性试验以及其他组成部分工作性能试验等。

**15.《钢筋套筒挤压机》JG/T 145—2002**

标准规定了钢筋套筒挤压机的术语和定义、分类、技术要求、试验方法、检验规则以及标志、包装、贮存的内容。其中技术要求包括：一般要求、电气系统要求、工作性能要求、操作系统要求、可靠性要求等。适用于带肋钢筋套筒冷挤压连接施工用的钢筋套筒挤压机。

**16.《建筑工程预应力施工规程》CECS180：2005**

标准规定了建筑工程预应力施工规程的术语材料、构造要求、施工计算方法、张拉及放张施工方法、灌浆与封锚施工方法、体外预应力施工方法、拉索预应力施工方法、预应力施工管理细则等内容。施工规程还包括：常用预应力筋规格和力学性能、金属波纹管和塑料波纹管规格、常用钢绞线夹片锚固体系、曲线预应力筋坐标和长度计算方法，灌浆用水泥浆流动度测试方法等。本规程适用于房屋和一般构筑物中混凝土结构、钢结构的预应力施工。

**17.《建筑施工安全检查标准》JGJ 59—2011**

标准规定了建筑施工安全检查的总则、专有术语及其解释、检查评定项目、检查评定方法、检查评定等级等内容。其中检查评定项目包括安全管理、文明施工、各类脚手架、基坑工程、施工用电、模板支架、各类起重设备以及其他施工机具等。本标准适用于房屋建筑施工现场安全生产的检查评定。

**18.《建设工程项目管理规范》GB/T 50326—2006**

规范规定了建设工程项目管理规范的总则、专有术语及其解释、项目管理范围、项目管理规划、项目管理组织、项目经理责任制、项目合同管理、项目采购管理、项目进度管理、项目质量管理、项目职业健康安全管理、项目环境管理、项目成本管理、项目资源管理、项目信息管理、项目风险管理、项目沟通管理、项目收尾管理等。本规范是建立项目管理组织、明确企业各层次和人员的职责与工作关系、规范项目管理行为、考核和评价项目管理成果的基本依据，适用于新建、扩建、改建等建设工程有关各方的项目管理。

**19.《建筑施工安全技术统一规范》GB/T 50870—2013**

规范规定了建筑施工安全技术统一规范的总则、专有术语及其解释、标准的基本规定、建筑施工安全技术规则、建筑施工安全技术分析、建筑施工安全技术控制、建筑施工安全技术检测与预警及应急救援、建筑施工安全技术管理等内容。本规范是制订建筑施工各专业安全技术标准应遵循的统一标准、适用于建筑施工安全技术方案、措施的制定以及实施管理。

**20.《建设工程施工现场环境与卫生标准》JGJ 146—2013**

标准规定了建设工程施工现场环境与卫生标准的总则、专有术语及其解释、标准的基本规定、绿色施工、环境卫生等内容。本标准适用于新建、扩建、改建的房屋建筑与市政基础设施工程的施工现场环境与卫生的管理。

**21.《建筑与市政工程施工现场专业人员职业标准》JGJ/T 250—2011**

标准规定了建筑与市政工程施工现场专业人员职业标准的总则、专有术语及其解释、职业能力标准、职业能力评价等、其中职业能力标准包括：一般规定、施工员、安全员、质量员、材料员等现场专业人员的职业能力标准。本标准适用于建筑业企业、教育培训机构、行业组织、行业主管部门进行人才队伍规划、教育培训、评价使用。

# 第五篇　预应力监测技术

## 第十四章　概　　述

预应力监测是计算有效预应力的需要，现代预应力混凝土结构中，有效预应力的大小直接影响着结构的抗裂度。有效预应力是指扣除相应阶段的应力损失后钢筋中实际存在的应力值。受施工状况、材料性能和环境条件等因素的影响，预应力结构中预应力筋的预拉应力在施工和使用过程中，都会出现预应力损失。

目前预应力损失主要通过分类计算得出，如何正确分析张拉阶段预应力损失就成为预应力混凝土领域重要的研究课题之一。由于张拉阶段预应力损失的主要是摩擦损失，并且实际计算损失与理论计算相差较大，精确确定预应力张拉阶段的损失值是一项非常复杂的工作。预应力实际损失值大于或小于计算值，会影响荷载作用下的结构性能（如变形、反拱、开裂荷载），在使用荷载下，过高或过低估计损失值都是不利的。

在预应力体系内预装测力传感器，对关键截面的应力进行监测，可以直接得到该截面准确的有效预应力，避免复杂的预应力损失估算。同时结构运营过程中通过监测及时发现应力损失造成的预应力不足，从而及早采取措施，排除结构安全隐患，为预应力结构自身的运营状态评估提供直接依据，为桥梁结构的技术状态评定提供重要依据，并为桥梁结构的科学养护提供重要参考。对于预应力筋力的监测，一般采用压力传感器和光纤光栅传感器。

压力传感器是在外力直接作用下，弹性体产生与之成正比的应变，应变传递到安装在弹性体上的敏感元件，通过标定建立应变与索力的比例关系，敏感元件一般有应变片、钢弦、光纤等不同类型。这类传感器动态性好，短期内精度较高，但用于预应力长期监测时，由于弹性体长期受荷载作用，因结构、材料徐变等因素，变形的传递逐渐失真，一般称之为漂移。同时，压力传感器只能监测应力筋两端的应力，不能实现多截面监测。

光纤光栅智能索是将 FBG-FRP 智能筋植入预应力筋中，预应力筋受力时，智能筋与预应力筋协调变形，利用光纤光栅传感器感知预应力筋的应变，进而得到预应力筋应力。这种智能索具有抗干扰、耐久性能好等特点，但该智能索成活率低，不能更换。

# 第十五章　磁通量传感器监测技术

## 第一节　概　　述

磁通量传感器监测技术是近几年在预应力监测领域采用的一种新技术，这种技术主要采用磁通量传感器和配套仪器对预应力筋进行受力监测。

磁通量传感器是基于铁磁性材料的磁弹效应原理制成的，即当铁磁性材料承受的外界机械荷载发生变化时，其内部的磁化强度（磁导率）发生变化，通过测量铁磁性材料制成的构件的磁导率变化，来测定构件的内力。

磁通量传感器的结构简图如图 15-1 所示，由初级线圈、次级线圈、温度传感器组成。将磁通量传感器穿心套在导磁材料构件外面进行测量时，初级线圈内通入脉冲电流，构件被磁化，会在构件的纵向产生脉冲磁场。由于电磁感应，在次级线圈中产生感应电压，由感应电压的积分值计算构件的磁导率。相对磁导率计算公式为：

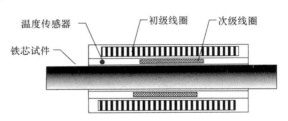

图 15-1　磁通量传感器结构简图

$$\mu = 1 + \frac{S_0}{S_f}\left(\frac{V_{out}}{V_k} - 1\right)$$

式中　$S_0$——传感器面积，与传感器型号大小有关；

　　　$S_f$——构件的净面积，与测量构件的大小有关；

　　$V_{out}$——传感器内含构件测量时的积分电压值；

　　　$V_k$——传感器内不含构件测量时的积分电压值，即空载值。

构件的磁导率增量 $\mu$ 与内力 $f$ 的关系，可用三次方程表示：

$$f = C_0 + C_1\mu + C_2\mu^2 + C_3\mu^3$$

式中　$C_0$、$C_1$、$C_2$、$C_3$——标定拟合系数；

　　　　　$\mu$——测量时构件的磁导率相对于构件零力状态时磁导率的增量。

温度传感器用于测量构件的温度，以便消除温度影响。温度修正公式为：

$$\mu(f, T_0) = \mu(f, T) - 0.012(T - T_0)$$

式中　　　$T$——测量时温度；

　　　　$T_0$——计算力值采用的标准温度（20℃）；

　　$\mu(f, T_0)$——标准温度（20℃）下的磁导率增量；

　　$\mu(f, T)$——测量温度下的磁导率增量。

对任一种铁磁性材料构件，在进行几组标准荷载下的标定，建立磁导率增量与构件内力的关系后，即可用来测定同型号构件的内力。图 15-2 为磁通量传感器。

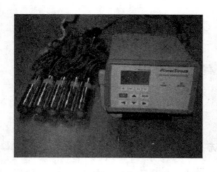

图 15-2 磁通量传感器

## 第二节 磁通量监测系统

磁通量监测系统主要由传感器和配套磁弹仪组成。便携式磁弹仪自身带有操作平台及 LCD 显示器，能实现多通道测量，可直接操作读数，也可通过仪器上的通信接口与计算机系统相连，实现数据自动采集和远程操控。

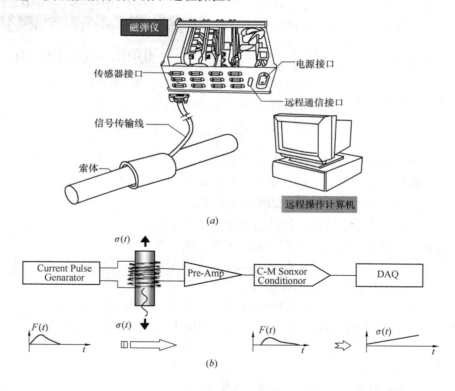

图 15-3 磁通量监测系统

(a) 监测系统组成图；(b) 测量系统原理图

**1. 技术指标**

（1）传感器量程：0～屈服应力；

（2）接线长度：≤300m；

（3）适应环境温度为：−40~80℃；

（4）传感器出厂精度：≤1%FS；

（5）传感器长期监测误差：≤3%FS；

（6）供电电源：AC 110~240V，60/50Hz。

**2. 技术特点**

（1）非接触性测量，不损伤结构；

（2）不需对被测件进行表面处理，不破坏索体原有 PE 保护层；

（3）传感器维护成本低、使用寿命长；

（4）测量精度高、重复性好；

（5）操作简便可靠；

（6）可实现自动温度补偿，可升级为在线自动监测。

**3. 监测系统形式**

磁通量传感器的监测系统主要分为在线监测系统和离线检测系统。在线监测系统需要在现场布设传感器、采集仪和信号发送装置等，实现实时采集系统；离线检测系统主要是现场布设传感器，根据情况将数据线集中或不集中，需要检测时，携带仪器至现场进行手动采集存储数据。

# 一、磁通量传感器的安装

## 1. 体内预应力监测的安装位置

在预应力束通长方向的多个截面布置磁通量传感器，直接测量该截面各个阶段的预应力值，见图 15-4。传感器直接套装在塑料波纹管外，预埋在混凝土结构里，将数据线引出，即可实现对该截面处的预应力的监测，见图 15-5。塑料波纹管及管内水泥砂浆是非磁性材料，不影响数据测量。传感器安装时可用钢筋将传感器固定，并用保护管引出数据线，避免浇筑混凝土时传感器及数据线的移动，见图 15-6。

图 15-4　磁通量传感器在预应力束方向上布置

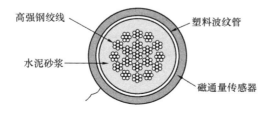

图 15-5　磁通量传感器安装位置

## 2. 体外预应力监测的安装位置

体外预应力成品索（钢丝索或钢绞线索）监测一般直接在自由段外套装传感器，见图 15-7。

图 15-6　传感器固定示意

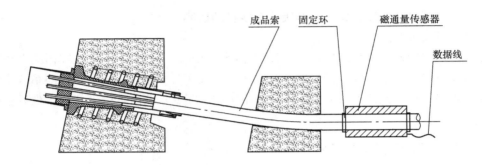

图 15-7　体外预应力成品索监测安装图

　　钢绞线非成品索一般采用基于单根钢绞线监测方法，根据需要选择监测的钢绞线根数，一般选择 3～5 根，以其算术平均值乘以钢绞线总根数代表整体索力。钢绞线单根挂索施工时安装，或预装配在拉索锚具内，如图 15-8 所示。

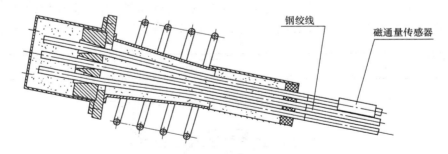

图 15-8　钢绞线非成品索监测安装

　　**3. 预应力环锚监测的安装位置**

　　预应力环锚可以选择基于整束监测的方式，传感器直接套装在塑料波纹管外，预埋在混凝土结构里，参见图 15-5。或者基于单根钢绞线监测的方式，如图 15-9 所示。

　　**4. 预应力岩锚监测的安装位置**

　　预应力岩锚一般选择基于单根钢绞线监测的方式，如图 15-10 所示。

　　**5. 磁通量传感器的规格及数量选择**

　　传感器的规格主要根据有粘结预应力塑料波纹管的外径选择，一般选择传感器的内径

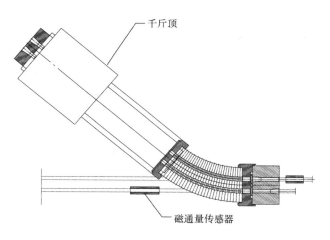

图 15-9　基于单根钢绞线测量的环锚监测

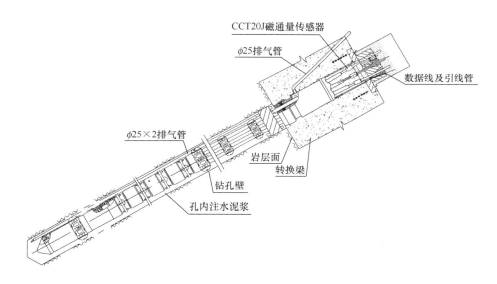

图 15-10　基于单根钢绞线测量的岩锚监测图

大于塑料波纹管的外径 3~10mm。根据结构预应力分布情况选择要监测的预应力筋数量，并根据需要选择每根预应力筋要监测的截面数。

## 二、监测系统选择

磁通量传感监测系统主要有人工巡检、离线监测系统、远程实时监测系统三种，可根据监测需要进行选择。有粘结预应力监测一般选择人工巡检或离线监测系统。

### 1. 人工巡检

实现有粘结预应力监测最基本的配置是磁弹仪（读数仪）和磁通量传感器，二者配套即可实现人工索力测量。传感器安装后可将传感器数据线引出混凝土外，设置数据线保护盒保护数据线，全桥配置一台磁弹仪进行测量，定期进行人工巡检，如图 15-11 所示。

图 15-11 人工巡检仪器配置

**2. 离线监测系统**

可将传感器基于 iLINE 开关箱连接到一起，组建离线监测系统，测量时持仪器至几个点接线测量，如图 15-12 所示。

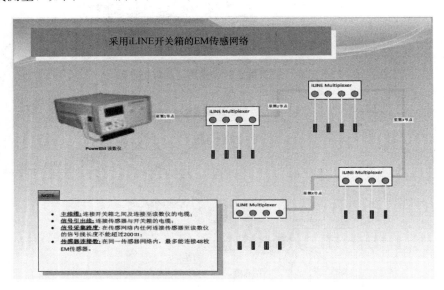

图 15-12 离线监测系统结构

**3. 远程实时监测系统**

以离线模式的数据采集箱为基础，增加数据传输系统和数据处理系统，即可实现索力实时在线监测，如图 15-13 所示。

## 三、预应力监测实施步骤

**1. 监测方案的确定**

根据工程要求编制预应力监测方案，确定监测传感器的规格及数量、测量截面、系统配置、测量时间、监测方式等。

**2. 传感器的生产制造**

传感器订货，厂家根据要求进行生产。

**3. 传感器的标定**

传感器匹配同规格预应力筋，进行传感器标定，每种规格的传感器至少标定一台，得到该规格的传感器匹配预应力筋的标定系数。

**4. 传感器现场安装**

根据监测方案将传感器安装在需要监测的预应力截面的塑料波纹管外，固定在钢筋网

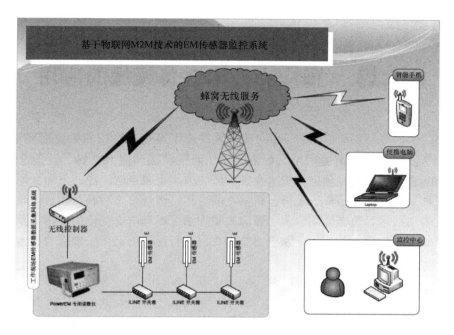

图 15-13　远程实时监测系统结构

上，用保护管引出数据线，注意浇筑混凝土时对数据线的保护。

**5. 张拉过程测量**

将标定数据输入测量仪表，连接传感器数据线，张拉前对传感器进行零点校核，便可在监测节点直接用仪表读出该截面处的预应力值。

**6. 灌浆一段时间后的测量**

预应力管道灌浆凝结一段时间后，可监测预应力松弛损失。

**7. 系统集成，长效监测**

根据工程监测点数量及位置，将传感器数据线延长至几个测量点，方便后期测量。

# 第六篇　预应力技术在各领域的应用

20世纪20年代，法国E. Freyssinet成功地发明了可靠又经济的张拉锚固工艺技术，并将预应力这门古老的技术运用于工程方面，从而推动了预应力材料、设备及工艺的发展。随着科学技术的发展，预应力技术在各领域的应用也越来越广泛。下面介绍环形后张预应力锚固体系、拉索、吊杆、系杆在桥梁上的应用、体外索工程及运用、大吨位构件液压提升顶推牵引技术、边坡锚固技术、预应力锚固系统在核电安全壳的应用、预应力锚固系统在天然气低温储罐上的应用、预应力技术在沉船打捞上的运用、预应力技术在旧桥加固工程上的应用等。

## 第十六章　环形后张预应力锚固体系

### 第一节　概　　述

我们在有粘结或无粘结工程中，有时会遇到特殊工程，如隧道预应力的张拉施工，钢绞线束的张拉需要在张拉端锚具后安装变角块，使钢绞线束改变一定的角度后才能进行预应力张拉作业。由于钢绞线束改变一定的角度，在张拉时摩阻会增加，角度改变越大，摩阻增加越大，对于这些特殊工程，选用环形后张预应力锚固体系是一个较好的选择。环形后张预应力锚固体系是为了适应圆形、筒形、卵形等混凝土结构施加预应力的需要而产生的，是随着高强混凝土、高强钢绞线、预应力锚具、张拉设备以及计算机结构分析、设计软件技术的发展而逐步发展、完善的，现已成为一项完整、配套的预应力体系。

20世纪90年代初，我国环形后张预应力锚固体系第一次在工程上运用，它运用于清江隔河岩，然后又逐步在红水河天生桥、黄河小浪底排沙洞、宁夏石嘴山污水处理池、东深引水工程、南水北调穿黄工程等工程上大量采用，目前我国圆形、筒形、卵形等混凝土结构施加预应力的技术已日趋成熟。

### 第二节　环　锚　的　结　构

环形后张预应力锚固体系包括环锚锚具以及过渡块、偏转器、延长筒等配套工具。环锚是一种用于环形钢绞线束锚固的锚具，它是以群锚夹片型锚具为基础设计的一种可以双向穿索，固定端和张拉端为一体的锚具，它采用夹片锚固。该锚具主要适用于环形预应力索的锚固，施工时须配置专用的张拉机具。环形后张预应力锚固系统的原理：在同一块开有数目相同但锥孔相反的锚板上，通过变角张拉装置，利用夹片将钢绞线的首尾锚固在该锚板上，张拉、锚固后，通过钢绞线张拉变形挤压管道壁，使结构受到径向分布的挤压力和切向拖拽力，从而使结构截面形成环形的预压应力。图 16-1 为 HM15-8 环锚结构简图。

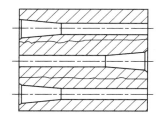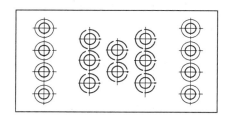

图 16-1　HM15-8 环锚结构简图

## 第三节　环 锚 的 安 装

环锚是一种双向夹片锚板，它一面是张拉端，另一面是固定端，在张拉时它是游动的，它不与混凝土构件接触，由于张拉时它需要将钢绞线从不方便张拉的地方引出进行张拉，因此它与普通后张锚固体系相比多了过渡块、偏转器和延长筒。HM 环锚在张拉时的安装示意如图 16-2 所示。

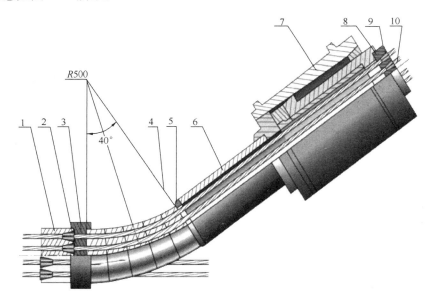

图 16-2　环锚安装示意图

1—HM 锚板；2—工作夹片；3—限位板；4—弧形垫板；5—过渡块；6—延长筒；
7—升斤顶；8—工具锚板；9—工具夹片；10—钢绞线

## 第四节 常用环锚类型及参数

环形后张预应力锚固体系目前采用的都是夹片锚，且都采用后张法施工。目前清江隔河岩和红水河天生桥水电站采用的是有粘结筋，黄河小浪底排沙洞和宁夏石嘴山污水处理池采用的是无粘结筋。有粘结筋工序多，穿束困难，但锚头防腐方便，张拉完切割好后直接用混凝土将张拉槽填埋即可。无粘结筋工序简单，省掉了埋波纹管、灌浆等工序，但锚头防腐比较复杂，在张拉完切割好后必须对剥去 PE 管的钢绞线及夹片进行妥善处理后才能进行张拉槽混凝土的填埋，确保剥去 PE 管的钢绞线及夹片有油脂包裹防腐，不直接与混凝土接触。

目前国内环形后张预应力锚固体系不多，被工程实际运用的就更少，能独立进行环形预应力施工的单位较少。柳州欧维姆机械股份有限公司的 OVM. HM 环锚体系是国内运用最多的一种环形后张预应力锚固体系，先后在广西红水河天生桥水电站、黄河小浪底水利枢纽工程、宁夏石嘴山污水处理厂、南水北调穿黄工程等工程上使用，并且也参与了施工，其在这一领域有很强的实力。OVM. HM 环锚体系在施工时的结构示意及主要尺寸参数如图 16-3 所示。

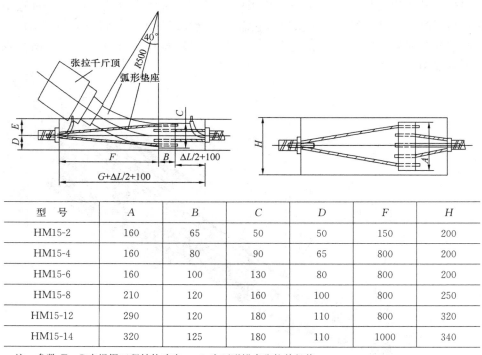

| 型　号 | A | B | C | D | F | H |
|---|---|---|---|---|---|---|
| HM15-2 | 160 | 65 | 50 | 50 | 150 | 200 |
| HM15-4 | 160 | 80 | 90 | 65 | 800 | 200 |
| HM15-6 | 160 | 100 | 130 | 80 | 800 | 200 |
| HM15-8 | 210 | 120 | 160 | 100 | 800 | 250 |
| HM15-12 | 290 | 120 | 180 | 110 | 800 | 320 |
| HM15-14 | 320 | 125 | 180 | 110 | 1000 | 340 |

注：参数 $E$、$G$ 应根据工程结构确定，$\Delta L$ 为环形锚索张拉伸长值。

图 16-3　张拉时结构示意及主要尺寸参数

# 第十七章　斜拉索体系及施工

## 第一节　斜拉桥及斜拉索

自1956年瑞典建成世界第一座斜拉桥——Stromsund桥以来，斜拉桥在许多国家发展地十分迅速。至今，斜拉桥的跨度已达到了1104m（俄罗斯岛大桥 Russky Island Bridge）。斜拉桥有优美的设计造型、施工方便、费用低、维护方便，因此备受推崇。我国于1975年建成了跨径为76m的云阳桥，开始了中国建设斜拉桥的历史，随着南浦大桥、杨浦大桥等大桥的建设，我国斜拉桥的建设水平也跻身国际先进水平之列。

目前斜拉桥常用的是一种为便于成盘而略有扭绞的平行镀锌钢丝束拉索，索体外面热挤一层或两层高密度聚乙烯（HDPE）护层，配以在锚头内注有铁砂环氧树脂镦头锚具，称为钢丝冷铸锚拉索，它在工厂内整束制造，绕盘运到现场架设。

我国在建设上海南浦大桥时就成功研制了冷铸锚拉索并得到了广泛应用。随着斜拉桥跨径的不断增大，单索拉力可达千吨级，索长数百米，由平行镀锌钢丝组成的整体拉索，单根重量达数十吨，盘径在5m以上，这给制造、运输和架设增加了不少难度。而钢绞线拉索由于它是单根制造和运输的，是逐根架设张拉锚固，工艺较为便利，特别适用于长索及大吨位拉索。

现代最为推崇的是用PE防护钢绞线组成的群锚拉索，该拉索以光面或特殊涂层钢绞线为受力基材，每根钢绞线在工厂内涂抹油脂或蜡后热挤高密度聚乙烯（HDPE）护套（简称PE护套）到现场，逐根架设，每组索外面设有HDPE外护套管，锚具内视需要可以灌注或不灌注浆体，称为钢绞线群锚拉索。这种拉索最主要的优点是它至少拥有四层保护：

第一层：钢绞线的涂覆层（采用环氧涂层或镀锌）；

第二层：填充于钢绞线与PE护套之间的油脂或蜡；

第三层：PE防护钢绞线的PE护套；

第四层：HDPE外护套管保护了组成拉索的每一根钢绞线。

## 第二节　OVM250拉索体系

由于平行钢绞线拉索与平行钢丝拉索相比有运输方便、穿束方便等优点，因此钢绞线拉索在斜拉桥上广泛采用，目前国内钢绞线拉索体系采用较多的是OVM250拉索体系。OVM250意义如图17-1所示。

图 17-1　OVM250 意义

## 一、OVM250 拉索体系结构

OVM250 拉索体系结构如图 17-2：

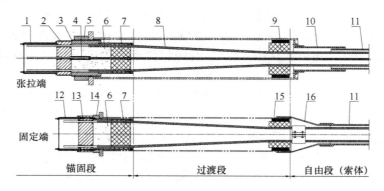

图 17-2　OVM250 拉索体系结构

1—张拉端保护罩；2—张拉端锚板；3—支承筒；4—磁能量传感器；

5—螺母；6—防腐材料（油性蜡）；7—密封装置；8—PE 防护钢绞线；

9—减振装置（塔端）；10—PE 管伸缩补偿装置；11—HDPE 外护套管；

12—固定端保护罩；13—固定端锚板；14—垫板；15—减振装置（梁端）；

16—防水罩

　　OVM250 拉索体系是一种可实现智能化监测的平行钢绞线拉索体系，索体由多股 PE 防护钢绞线组成，两端由夹片夹持锚固，锚固区钢绞线为始终平行的独立状态，能实现斜拉索单根穿索、单根张拉，拉索锚固区锚具内腔灌注油性蜡对钢绞线进行防腐，在拉索施工及运营期间可实现钢绞线单根换索。

　　OVM250 拉索体系具有卓越的抗疲劳性能，不仅适用于各种跨度公路斜拉桥，大跨度公共建筑斜拉桥结构（如体育馆、展览馆、机场等大跨度斜拉屋盖），还适用于拉索设计应力幅较高的铁路桥梁、公路铁路两用桥梁、所处环境较恶劣或台风频繁、活载较大的桥梁。

## 二、OVM250 拉索的构成

OVM250 拉索主要由锚固段、自由段（索体）、过渡段三部分组成。

**1. 自由段（索体）**

自由段是锚固段与过渡段之外的斜拉索索体。

OVM250 拉索索体采用环氧涂层钢绞线（或镀锌钢绞线）＋石蜡（或油脂）＋PE 护

套的方式进行单根钢绞线的防护，HDPE外护套管对整根拉索的钢绞线束进行整体防护，其结构如图17-3所示。

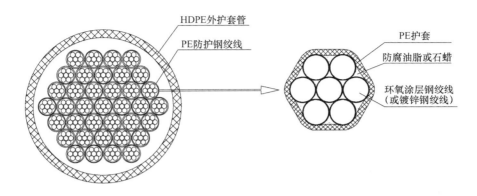

图17-3　OVM250拉索索体结构（37孔）

OVM250拉索索体具有以下优点：

（1）PE防护钢绞线在工厂内制造好，因此其防护质量由厂商保证，在运输、储存及安装现场均不受影响。

（2）PE防护钢绞线的高密度聚乙烯包裹层（PE护套）能够抵御在安装中不可避免的磕碰、挤压及摩擦。

（3）这种单独防护的钢绞线避免了成品拉索的防腐层局部被损，从而导致整根拉索防腐失效的可能。

（4）每根钢绞线被高密度聚乙烯包裹层（HDPE）隔离，避免在工作中钢绞线的相互挤压、摩擦，大大提高拉索的抗疲劳性能。

（5）HDPE及油脂（石蜡）的保护提高了钢绞线的寿命。

（6）拉索索体由多根独立的PE防护钢绞线组成，提高拉索的内部阻尼，拉索发生共振的可能性大大降低。

（7）索体采用具有抗风雨激振功能的双螺旋线外护套管，能大大降低因风雨激振而导致拉索发生共振破坏的风险。

**2. 锚固段**

锚固段是拉索和锚具的连接段，将索力传递给桥梁结构的拉索锚固部分。包括拉索锚具和对锚具外预留钢绞线起保护作用的保护罩。

根据功能不同，拉索锚具可分为张拉端锚具和固定端锚具，根据施工方法不同，拉索可采用一端张拉端锚具、另一端为固定端锚具或两端均为张拉端锚具的结构。张拉端锚具主要由工作夹片、锚板、支承筒、螺母、密封筒和封装置等组成；固定端锚具主要由工作夹片、锚板、垫板、密封筒和密封装置等组成。

OVM250拉索锚具具有以下特点：

（1）锚孔单元排布集中，锚固区钢绞线独立平行，钢绞线除了在夹片夹持位置为钢对钢接触外，其余接触部位均采用非金属材料隔离，从而提高拉索的疲劳性能。

（2）拉索锚具具有优良的静载锚固性能和抗疲劳性能。

1）静载锚固性能满足：

锚固效率：$\eta_{a} \geqslant 95\%$；　　延伸率：$\varepsilon_{apu} \geqslant 2\%$。

2）疲劳性能满足：

在上限应力 $0.45f_{ptk}$，弯曲角度 10mrad（0.6°），安装定位器或约束圈，疲劳应力幅 250MPa 条件下，经过 200 万次应力循环，拉索试件断丝率不大于 2%。疲劳试验后进行静载试验，最小破断力大于实际最大破断荷载的 92%，或标准破断荷载的 95%（两者取大值）。

（3）拉索锚具在低应力状态下锚固性能可靠，在荷载低至 $0.05f_{ptk}$ 时，夹片不会出现滑丝或松脱。

（4）拉索锚具具有优良的防水结构，防水性能满足 fib、CIP 规范及《无粘结钢绞线斜拉索技术条件》JT/T 771 规定的水密性试验要求。

**3. 过渡段及拉索功能部件**

过渡段是从拉索锚具出口到减振器（或约束圈）之间的索体。过渡段内 PE 防护钢绞线的偏转角度 $\alpha$ 不大于 1.4°（图 17-4）。

图 17-4　过渡段钢绞线偏转角度

拉索功能部件包括减振器、索箍、防水罩及 PE 管伸缩补偿装置。

（1）减振器

减振器由阻尼橡胶制成，安装在拉索导管出口处，将拉索与结构固定，用于减少振动对斜拉索造成的不利影响。

（2）索箍

索箍将松散的钢绞线收拢成一个紧密实体，增加拉索的刚度。

（3）防水罩

防水罩是保护拉索体系与桥梁结构相连接的部分，防止外界水份进入拉索内部，并对 HDPE 外护套管起连接支撑作用。

（4）PE 管伸缩补偿装置

HDPE 外护套管具有热胀冷缩特性，PE 管伸缩补偿装置设计有足够的长度，在温度变化时，能保证 HDPE 外护套管在其内部沿着索体自由伸缩。

# 第三节　斜拉索的施工工艺

## 一、安装方法

斜拉索的安装取决于与工程相关的时间与空间，采用不同的安装方法，现普遍采用的方法有两种：

方法一：先安装 PE 防护钢绞线后装外套管

　　先将 PE 钢绞线穿挂、张拉、调索，将减振器及索箍均安装完毕。再将外部的 HDPE 外套管在拉索的根部扣合，通过熔接的方式，沿拉索向上一段一段连接成完整的长度，并与索导管密封，其施工工艺过程如图 17-5 所示。

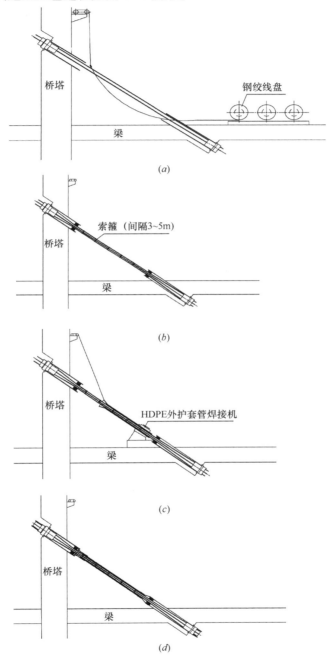

图 17-5　先安装拉索再安装外护套施工工艺

（a）钢绞线下料、挂索、张拉、调索；（b）紧索、安装索箍；（c）安装并焊接 HDPE 外护套；
（d）安装拉索功能附件，拉索防护处理

方法二：先安装外套管后装 PE 钢绞线

采用此方法是在桥面先将 HDPE 外护套管焊接成完整的长度，将 1 根钢绞线穿过外护套管，用卷扬机外套管连同钢绞线吊起至塔外预埋管出口处，将外护套管上端临时固定在塔外或脚手架上，外护套管与预埋管留足方便穿索的空间，将钢绞线穿这两端锚具，安装夹片，张拉钢绞线，使 HDPE 外护套管挺直。再依次安装其余钢绞线，按设计要求索力张拉、调索，其施工工艺过程如图 17-6 所示。

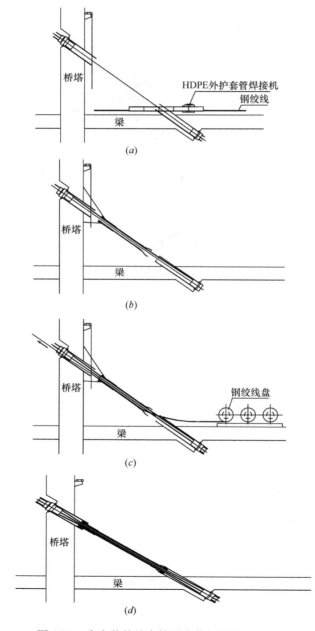

图 17-6　先安装外护套管再安装钢绞线施工工艺
（a）安装吊具、安装锚具、焊接 HDPE 外护套管；（b）安装 HDPE 外护套管；（c）钢绞线挂索、张拉、调索；（d）安装拉索功能附件，拉索防护处理

## 二、挂索

OVM250 拉索体系施工采用钢绞线单根挂索、单根张拉的安装方法。拉索锚具在工厂组装好，PE 防护钢绞线在工厂内严格监制，填充油脂或蜡、热挤 PE 护套，在现场无需再进行防腐处理，钢绞线成盘包装运到现场，根据设计索长和单根张拉所需操作长度放盘下料。两端拉索锚具在锚固区安装就位后，即可将下好料的钢绞线逐根提升就位，两端穿过锚具，安装夹片，并用小型千斤顶进行单根张拉锚固，施工操作简单、快速、省时。

钢绞线安装只需轻型设备，挂索和张拉合二为一，无需大型制索厂，不存在整束制作、运输和安装的困难，与成品索安装相比有较大优势。

## 三、张拉

OVM250 拉索体系采用等力法进行钢绞线单根张拉，单根张拉如图 17-7 所示。

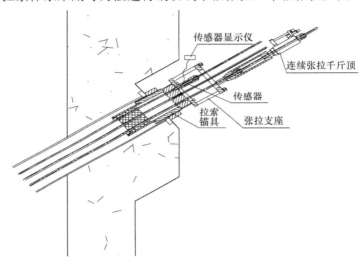

图 17-7　OVM250 拉索单根张拉示意

等张力法张拉基本原理如下：

（1）第一根钢绞线提升到需要位置，穿入第一个锚具孔，在第一根钢绞线上安装测力传感器和临时锚具，并用一轻型单根钢绞线千斤顶张拉至计算值并锚固。钢绞线的锚固力直接显示在与测力传感器相连的显示器上。

（2）第二根钢绞线以同样方式安装在锚具的相应孔位，用一轻型单根张拉千斤顶进行张拉。当第二根钢绞线受拉时，第一根钢绞线上的力显示会轻微下降；当千斤顶张拉第二根钢绞线的力和第一根钢绞线上读取的力一样时，应停止张拉，此时，第一根和第二根钢绞线张拉力相等。

（3）安装第三根钢绞线并张拉到其应力值与第一根钢绞线显示值相等（第一根钢绞线的力值会随着每一新增钢绞线的张拉而下降），这时三根钢绞线张拉力应相等。

（4）重复此操作直至拉索的最后一根钢绞线张拉完毕，记录最后的读数。

（5）将第一根钢绞线从传感器装置中取出，安装上夹具，张拉至最后一根钢绞线的读取值。

### 四、索力调整

每一拉索的张拉力调整可以按上述方法进行，采用单根钢绞线千斤顶张拉，另外，也可以通过专门的短行程大吨位千斤顶来进行整体索力调整。该设备也可以用来调整结构整个寿命期内拉索索力。整体调索示意及张拉设备安装尺寸如图 17-8 所示，张拉设备及安装尺寸如表 17-1 所示。

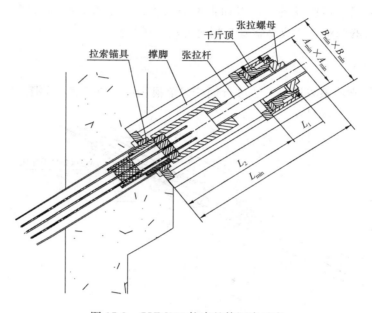

图 17-8　OVM250 拉索整体调索示意

张拉设备型号及安装尺寸（mm） 表 17-1

| 千斤顶型号 | $L_1$ | $L_2$ | $L_{min}$ | $A_{min} \times A_{min}$ | $B_{min} \times B_{min}$ |
|---|---|---|---|---|---|
| YDCS3000-150 | 420 | 1200 | 1800 | 800×800 | 500×500 |
| YDCS5500-100 | 360 | 1200 | 1800 | 900×900 | 580×580 |
| YDCS8800-100 | 400 | 1200 | 2000 | 1000×1000 | 720×720 |

张拉完成后还要进行防腐处理，安装索箍，密封 HDPE 外套管两端接口等工序。

## 第四节　斜拉桥的换索

我国建设第一座斜拉桥到现在已有 30 多年，30 多年来我国的预应力技术，预应力设备、材料均有了较快的发展，我国斜拉桥的施工技术也有了较快的发展，但一些在早些年设计、施工的斜拉桥由于受当时材料、技术等方面的限制，致使一些拉索出现锈蚀等现象，对拉索及斜拉桥的安全造成了一定的隐患。因此，近几年来，为确保安全，我国陆续有一些斜拉桥进行了换索，目前广西南宁白沙大桥、天津永和桥、柳州壶西大桥已经完成了换索工作。

南宁市白沙大桥是南宁市邕江上第三座大桥，主桥为预应力混凝土独塔双索面斜拉桥，跨径 2×122.5m。斜拉桥主梁为Ⅱ形截面预应力钢筋混凝土梁，梁高 2m，横梁间距 5m；主塔为龙门结构，塔高 69m；两边对称布置 22 对扇形拉索，斜拉索为 PES 冷铸镦头锚成品斜拉索，共 44 对（88 根），约 202t；桥面索距 5m；桥面行车道 18m，两侧人行道 2×2.25m，索区 2×2m，总宽度 26.5m。主桥全长 395m。

南宁白沙大桥于 1995 年 2 月建成，通车运营 10 年后，在检测时发现斜拉索 PE 护套开裂、钢丝索严重锈蚀等病害现象。为了确保大桥的运营安全，经过多方的论证，该桥斜拉索需要进行更换处理，2006 年欧维姆工程公司对该桥进行了换索，工序包括：旧索放张，拆除；新索安装、张拉；新索锚固区域防腐处理等。

斜拉索的换索技术是预应力在拉索拆除方面的应用，随着我国需要换索桥梁的增加，这项技术会逐步完善。

# 第十八章　拱桥吊杆体系及施工

## 第一节　拱桥及吊杆体系

拱桥是一种古老的桥梁形式，古代人类在拱桥的修建方面就已经达到了很高的造诣。中国的拱桥始建于东汉中后期，已有 1800 余年的历史。伴随着科学技术的进步，拱桥作为五大桥型之一，至今仍然充满着旺盛的活力。作为通行现代交通工具的桥梁形式之一，在比较常见的 200～600m 跨度范围内，拱桥具有很强的竞争力。在中国，公路桥梁中70%为拱桥。

拱桥是一种弧形承重结构。按桥面位置可分为上承式拱桥、下承式拱桥和中承式拱桥，后两种适用于地形平坦、桥面标高受到限制之时。将主拱拱脚用系杆连接或与行车道系组合共同受力，可形成系杆拱。系杆拱桥作为拱桥家族中的一员，具有拱桥的一般特征，又有自身的独有特点。它是一种集拱与梁的优点于一身的桥型，它将拱与梁两种基本结构形式组合在一起，共同承受荷载，充分发挥梁受弯、拱受压的结构性能和组合作用，拱端的水平推力用拉杆承受，使拱端支座不产生水平推力。拱与弦间用两端铰接的竖直杆连接而成。亦可用斜杆来代替直杆成为尼而森体系。这种拱桥内部为超静定体系，外部则为静定，因此对墩台不均匀沉降无影响。从结构上主要可以分为有推力和无推力两种组合体系。

## 第二节　OVM 吊 杆 体 系

OVM 吊杆体系是一种新型柔性吊杆锚固体系，主要适用于中下承式钢管混凝土、钢筋混凝土等拱桥或悬索桥。OVM 意义见图 18-1。

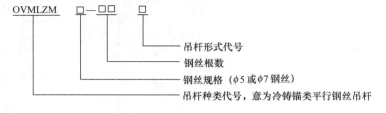

图 18-1　OVM 意义

## 一、OVM 吊杆体系结构

### 1. 吊杆结构形式

根据不同的使用场合和条件，OVMLZM 吊杆体系设计了多种吊杆形式，满足各种需求。

OVM 吊杆主要由两端锚头及中间索体部分组成，其中锚头采用的是冷锚镦头锚，分为固定端及张拉端两种形式，索体为低应力热挤双层 PE 护套的平行钢丝拉索，钢丝采用低松弛高强镀锌或环氧涂层钢丝。

**2. 吊杆冷铸锚具构造**

吊杆冷铸锚具构造如图 18-2 所示。

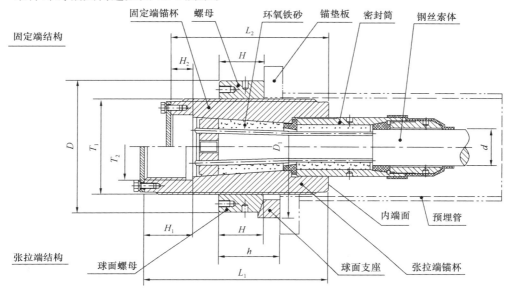

图 18-2　吊杆冷铸锚构造

锚固端锚具根据需要可选用一端为张拉端锚具、另一端为固定端锚具或两端均为张拉端锚具的结构。主要由锚杯、螺母、密封筒等组成。该结构良好的疲劳性能及防水效果，满足标准规定的在应力上限为 $0.4\sigma_b$，应力下限为 $0.28\sigma_b$，吊杆经 200 万次脉冲加载后断丝不大于总数的 5% 的要求。其锚具与索体在工厂内一起制锚完成，运制现场后只需直接安装即可。

**3. 吊杆索体结构**

吊杆结构索体采用 PES（FD）索体为改进型 PES 拉索索体，该索体是采用双层 HDPE 防护的全防腐索体。双层 HDPE 之间设置一隔离层，如图 18-3 所示。当吊杆受静荷载作用时，外层 HDPE 能有效地释放应力，使得外层 HDPE 始终处于较低应力状态下工作，有效地解决 HDPE 应力开裂问题。

图 18-3　PES（FD）索体断面示意

钢丝可采用高强镀锌钢丝或环氧涂层钢丝，环氧涂层钢丝是一种防腐性能优于镀锌钢丝的新型防腐预应力高强钢丝材料。其工艺原理为采用静电喷涂工艺，将专用环氧粉末熔融后涂装在钢丝表面上，形成一层致密保护膜。它具有以下特点：

（1）涂层附着性强，具有优良的耐碱性、耐酸性和耐溶剂性等化学性能，各项防腐性能优于镀锌钢丝。

（2）涂层加工过程不会造成钢丝强度等性能的损失。

（3）由于环氧钢丝握裹性能优于镀锌钢丝，环氧涂层钢丝索体与冷铸锚的组合具有更为优越的锚固性能。

其余辅助配件有减振器、管口密封、保护罩及防水装置组成，各部分作用如下：

（1）减振器

减振器由阻尼橡胶制成，安装在拉索导管出口处，将拉索与结构固定，用于减少振动对斜拉索造成的不利影响。

（2）管口密封

管口密封安装于吊杆上预埋管出口处，具有可调偏心功能，防止水份进入预埋管内部，起密封止水的作用。

（3）保护罩

保护罩通常安装于吊杆两端头，主要保护锚杯及螺母的腐蚀。

（4）防水罩

防水罩安装于吊杆下预埋管出口处，是保护拉索体系与桥梁结构相连接的部分，防止外界水份进入拉索内部，起密封止水的作用。

## 第三节　吊杆的施工工艺

### 一、搭建施工平台

根据拱桥的桥型和规模相应的对吊杆施工平台进行设计，吊杆拱桥施工平台一般分为上端拱肋施工平台和梁端施工平台。

（1）拱肋端平台一般包含了拱肋上端平台和拱肋下端挂篮，拱上平台用于安装吊杆和张拉使用，拱肋下端平台用于安装吊杆。

（2）梁端平台一般制作成挂篮型平台。

### 二、吊杆安装

吊杆安装如图 18-4 所示。

**1. 设置牵引机构**

卷扬机安装就位，条件允许也可使用汽吊安装吊杆。

**2. 放索**

（1）将吊杆两端锚头拆开包装，检查螺纹是否旋入自如，将吊杆两端的螺母旋出，上端螺母运到待穿吊杆的拱肋上端索导管处待用，下端螺母留存待用。

（2）检查连接装置并剥除包装袋，检查吊杆外观质量，从锚头处检查吊杆型号是否正确。

**3. 安装吊杆**

（1）启动卷扬机，将牵引钢丝绳由待穿拱肋端穿过上端螺母，穿入索导管放下，牵引绳连接头与吊杆上端锚杯连接。

（2）再启动卷扬机，缓慢起吊吊杆，当牵引至拱肋索导管下端时，索导管口处放置垫块，以免吊杆表面 HDPE 被索导管刮伤；牵引至锚杯穿出索导管上端，拧上上端螺母。

（3）卸下牵引连接头。

（4）横梁就位后，卷扬机牵引绳吊起吊杆下端锚杯，用吊带吊装，将锚杯穿进横梁索导管内，拧上下端螺母；如果上端吊装空间允许可上提吊杆，直至梁上工作人员让吊杆下锚头顺利通过索导管，放下吊杆，直至从梁底露出足够长度，然后拧上梁端螺母；

（5）重复上述步骤，安装下一根吊杆。

**4. 吊杆张拉**

按设计要求调节螺母，使桥面标高及吊杆索力达到设计要求。

（1）如果横梁就位用连续顶推或提升千斤顶进行顶推提升就位，则可以在就位过程中调节螺母位置使横梁至设计标高即可。

（2）如果横梁为现浇或其他方法就位，则可用千斤顶在拱上或梁底部进行调节。

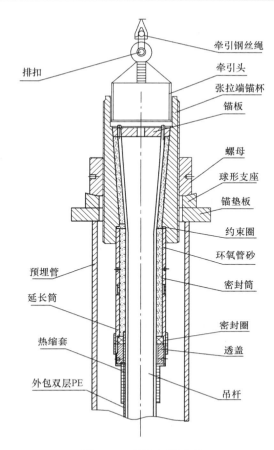

图 18-4　吊杆安装示意

（3）每次同步调节一片横梁，即 2 根吊杆；一般要求对称调节，即同步调节对称的两片横梁上的 4 根吊杆。

（4）按顺序安装撑脚、张拉杆、千斤顶、张拉螺母及各油电管线，张拉示意图如图18-5 所示。

（5）启动油泵缓慢加压，开始张拉；如果设计以标高为主，则张拉时同时注意听取监测标高专职人员的标高数，一旦达到设计标高立即停止张拉；如果以索力为主则张拉至设计索力时停机，但张拉过程中也要听取监测标高专职人员的标高数，实行双控。

（6）拧紧螺母，转入下一工作面。

（7）当上端螺母顶面调节至锚杯尽头，桥面还没达到设计标高或设计索力时，可考虑在另一端锚头处调节螺母，或用螺母下面垫半圆钢板的方法进行调节。

**5. 吊杆及锚头防护**

（1）往吊杆索导管内灌注防腐材料，锚头部分完全充满，然后安装上、下减振体、密封装置及防水罩，要求密封不渗水。

（2）安装上、下锚头的保护罩。

（3）往保护罩内注入防腐油脂进行锚头防腐。

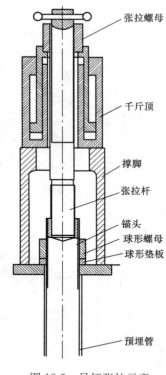

图 18-5　吊杆张拉示意

张拉螺母

千斤顶

撑脚

张拉杆

锚头
球形螺母
球形垫板

预埋管

（4）检查吊杆外防护 HDPE 是否有损坏，如有损坏则用 PE 热焊枪进行补焊。

（5）安装吊杆外套管。

（6）在需要的情况下，灌注聚氨酯发泡剂、防腐油脂或涂抹防腐油脂。

**6. 吊杆索安装注意事项**

（1）吊杆索生产后必须经质检部门检查并取得合格证。

（2）吊杆索在运输过程中不能有损坏，尤其是 HDPE 外防护层。

（3）吊杆索在工地搬运、吊装，不能损坏 HDPE 外防护层，特别注意保护双螺旋线不被损坏，安装过程中应注意：不能直接在地面上拖动，地面要铺垫上一些麻袋等软垫层；支承架要安装圆滑的滚轮；吊点的吊钩要特制；吊杆索穿过索导管速度要慢，牵引力不宜过大，保证顺利通过；在吊杆索转角处要装滚轮或橡胶垫等；吊杆索安装前需检查索导管是否畅通、洁净。

（4）吊杆索安装前要检查牵引设备、吊具、支承架、牵引绳等机具是否有足够的工作能力，各连接处要安全可靠。

（5）采用顺桥向及对称张拉，张拉速度均匀且速度小于 10MPa/min，不同步拉力差不得大于索力的 10%，读数测量准确，记录全面无误；为了对组合结构受力长期监测，可以在吊杆张拉端设置有永久性测力传感器（智能光纤光栅），张拉时使用索力计实时监测。

（6）在主桥桥面二期恒载铺装完毕时，需测试吊杆索力并报监控人员、设计人员，在确保结构安全性的基础上确定索力调整值及张拉顺序。

（7）成桥索力和桥面标高要符合设计和监测要求。

# 第四节　吊　杆　的　换　索

## 一、测量

首先在道路完全封闭交通的情况下，选择在夜间或凌晨测定恒载状态下吊杆安装位置的拱肋端和系梁端的实际标高，作为吊杆更换及桥梁加固的一个基点，并以之作施工完成之后加固效果的一个评定参考。测量包括吊杆应力的测量和桥面控制点标高的测量以及拱类轴线的测量，同时与该桥建成存档数据进行比较分析。在两岸距离桥 150m 左右距离设观测站，用全站仪测量拱肋标高，测量点设在拱顶位置及 1/4 拱位置，施工工程中及时观测拱肋变形，发现超过预警值立即停止施工，找明原因才能继续。

桥面用水准仪测量桥面标高，换吊杆时随时监控所换吊杆对应的横梁处桥面标高变化不超过 5mm。

## 二、施工通道和平台搭设

### 1. 拱上通道搭设
拱下搭设满堂支架。

### 2. 临时止滑挡块装置（图 18-6）

### 3. 临时兜吊

在吊杆位置四周，即横梁的侧面相应的位置用风钻钻穿桥面铺装层和桥面板，直径为 $\phi100$ 的 4 个圆孔，作为临时索穿索用。做好各种施工用料的下料准备，搭设拱肋顶缘施工的钢管脚手架。

拱肋临时兜吊安装，在横梁上安装施工挂篮，临时兜吊如图 18-7 所示。

图 18-6　临时止滑挡块装置示意

### 4. 梁下平台

梁下平台由工厂精确下料制作，现场组合拼装。安装时先在一块空地上组装起来，用汽吊辅助将平台整个吊起，将行走小车安装到人行道上，安放配重块完成平台安装，梁下平台如图 18-8 所示。

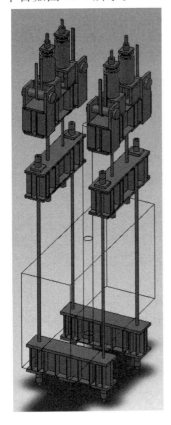

图 18-7　临时兜吊示意

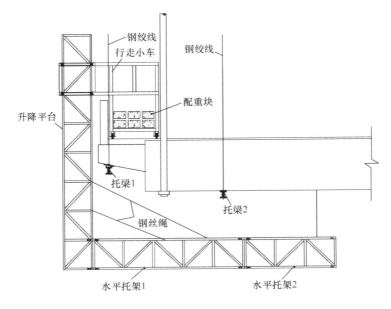

图 18-8　梁下工作平台示意

**5. 横梁托架安装**

拆除拱桥吊杆时，在横梁上的两端按图所示组装好托架，在组装托架时，要注意保持托架两侧的平衡，防止横梁产生倾斜。

## 三、旧吊杆拆除

（1）吊杆的拆除依据对称原则，从每拱跨中向两端对称拆除，每拆除一对旧吊杆，则相应的换上一对新吊杆，在拆除吊杆的过程中，要时刻监测桥面的标高，不能出现大的位移，以防结构出现较大内力，导致桥面混凝土开裂等。边、中跨同时对称施工。

（2）以桥面标高和相邻吊点高差为控制条件，采用多次加载及分批割断旧吊杆钢丝的方式使吊杆力逐步转移到临时兜吊系统上，整个过程须密切监测桥面标高的变化。吊杆力全部转移到兜吊系统后将旧吊杆完全割断。

（3）用电锤凿除旧吊杆上下锚头处封锚的水泥砂浆，并清理干净，直到露出锚头不影响旧吊杆的整束取出。

（4）在桥面往上1.5m的地方截取10cm长的保护层，清除钢丝表面油脂，利用手拉葫芦将即将切除的吊杆与相邻的两侧吊杆相连接，预防钢丝瞬间断开向四周弹射。

## 四、新吊杆安装及张拉调索

**1. 新吊杆安装**

（1）安装之前需把吊杆沿桥面放开。放索的目的一是检查吊杆拉索在制作及运输过程有否损伤；二是把卷盘时产生的应力释放掉。

（2）将吊杆上锚头螺母及球形支座安放在对应的吊杆上锚头锚垫板上。下锚头螺母及球形支座则放置于梁下平台。

（3）在距吊杆上锚头2m位置上索夹，用卷扬机起吊。将上锚头吊至拱肋底后，将锚头与拱肋伸出的钢丝绳连接。

（4）拱肋内用葫芦继续牵引，直到上锚头露出垫板，套上球形支座，拧上螺母完成上锚头安装。将下锚头穿过下预埋管，套上球形支座，拧上螺母完成下锚头安装。

**2. 新吊杆张拉**

（1）在下锚头依次安装撑脚、千斤顶、张拉杆。

（2）利用千斤顶对不同吊杆分两点同时预紧张拉；左右侧同时分级张拉，在张拉过程中，对桥面及拱肋标高要进行实时监测，控制桥面标高上下位移不能超过设计误差。吊杆张拉时对索力及标高进行双控。

（3）吊杆逐级张拉时，相应放松辅助索，张拉到位后，辅助索力下降至零，用千斤顶将辅助索的钢绞线逐根拔出，拆除辅助索及横梁托架。依据标高情况对索力再进行调整。

（4）安装完毕后，转移到对下一对吊杆的更换。

## 五、新吊杆防腐

（1）上下预埋管口安装减振器。

（2）用注油泵对上下端保护罩灌注防腐油脂。

（3）上下端预埋管内灌注聚氨酯发泡剂。

（4）下预埋管口安装防水罩，安装不锈钢护管。

## 六、更换吊杆注意事项

（1）转动限位装置必需要达到足够的安全系数，还要牢固可靠，满足设计要求。

（2）拉应力下切断钢丝风险性较大，为防止突然崩断伤人，先在切断点两侧用扎丝箍紧再切割。

（3）更换吊杆时严禁施工机具、设备、材料等临时荷载放在桥面上，特别不允许将多余的机具、设备、材料、杂物等堆放在正在更换的吊杆位置上。

# 第十九章　体外索工程及应用

## 第一节　体外预应力技术简介

体外预应力是后张预应力体系的重要分支之一，与体内预应力结构相比，其预应力筋位于承载结构主体截面之外，通过与结构主体截面直接或间接相连接的锚固区与转向块来传递预应力。

体外预应力结构体系的主要优点：能够控制及调校预应力束的应力，便于检测、维修，必要时可以更换预应力束；体外预应力束布置简单，调整容易，施工工艺简便，大大缩短了施工时间；预应力束仅在锚固区与转向块处与构件相连，减小了由于管道摩擦造成的预应力损失；预应力束布置于结构主体截面之外，不仅使浇筑更简易，同时还可以减小混凝土构件截面尺寸，减轻结构自重，降低造价；由于箱梁结构可以预制，大大地提高了桥梁的施工速度和效率。

体外预应力结构体系应用非常广泛，既可用于预应力混凝土桥梁、特种结构和建筑工程结构等新建结构，也适用于混凝土结构的重建、加固和维修，同时还可用于临时性预应力混凝土结构或施工临时性钢索。随着斜拉桥和高强混凝土技术的发展，体外预应力结构技术的应用将是现代预应力施工中的主要趋势之一。

为了促进体外预应力技术在国内的应用，同济大学桥梁工程系作为国内较早开展体外预应力研究单位，与柳州欧维姆机械股份有限公司合作开发了 OVM 体外预应力材料及体系、配套机具等科研项目，取得了一定的成果，并已成功运用于许多工程中，这些体外预应力工程产生了良好的经济效益和社会效益。

## 第二节　OVM 体外预应力体系主要特点及基本组成

OVM 体外预应力体系是由同济大学和柳州欧维姆机械股份有限公司共同研发的一种预应力体系，也是目前运用较广的一种体外预应力体系。

### 一、OVM 体外预应力体系主要特点

（1）体系性能满足国际后张预应力协会（FIP）《后张预应力体系验收建议》、《体外预应力材料及体系》的要求，以及现行国家标准《预应力筋用锚具、夹具和连接器》GB/T 14370 的要求。

（2）预应力筋采用钢绞线单丝涂覆环氧＋防腐油脂＋热挤 PE 多层防护，是一种自身具有优良防腐性能的高耐久索体，适合用于严重腐蚀性的恶劣环境，结构符合国际标准Fib2005《钢绞线斜拉索验收规范》中第 4.3.3 条规定，其中环氧涂覆钢绞线符合现行国家标准《单丝涂覆环氧涂层预应力钢绞线》GB/T 25823 的规定。

（3）体系安全可靠，具有良好的防腐性能及抗疲劳性能，体系中设计有特殊装置，可以有效地减小索体振动所产生的危害。

（4）体系施工简便，便于检测和维护，必要时可以换索。

（5）转向装置结构设置合理，能均匀传递荷载并可实现调索、换索功能。

## 二、OVM 体外预应力体系基本组成

OVM 体外预应力体系结构及组成包括：索体、锚固系统、转向装置、减振装置，结构如图 19-1 所示。

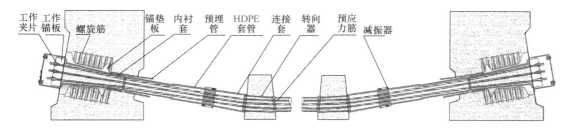

图 19-1　OVM 体外预应力体系示意

### 1. OVM 体外预应力索体

OVM 体外预应力索体分为 OVM-S1、OVM-S2、OVM-S3、OVM-S4、OVM-S5 及 OVM-S6 等六种基本类型，如图 19-2 所示。

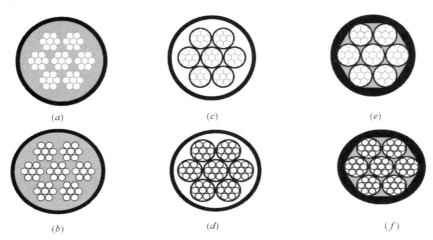

图 19-2　OVM 索体示意

（a）OVM-S1；（b）OVM-S2；（c）OVM-S3；（d）OVM-S4；（e）OVM-S5；（f）OVM-S6

体外预应力索体的基本构造组成　　　　　　　　　　表 19-1

| 索体型号 | OVM-S1 | OVM-S2 | OVM-S3 | OVM-S4 | OVM-S5 | OVM-S6 |
|---|---|---|---|---|---|---|
| 钢绞线类型 | 普通钢绞线 | 环氧喷涂钢绞线 | 普通无粘结钢绞线 | 环氧喷涂无粘结钢绞线 | 普通无粘结成品索 | 环氧喷涂无粘结成品索 |
| 管道 | HDPE 套管 | | HDPE 套管 | | 外包 HDPE | |
| 灌浆材料 | 水泥浆、环氧砂浆、油脂 | | 自由段属无灌浆型 | | 自由段属无灌浆型 | |

OVM-S3、OVM-S4、OVM-S5 及 OVM-S6 型索体自由段内均不需灌注填充料，其防腐主要依靠钢绞线自身的防腐性能来保证。在桥梁运营期间，可以随时检验索体的使用情况。

OVM-S3、OVM-S4 型索体由多根无粘结钢绞线组成，此型索体采用散束式转向器（图 19-3）时可实现单根换索。为了防止动物啮咬或人为破坏 PE 层，可以外加圆管式外护套或哈弗式外护套作整体防护（外层的 HDPE 套管无防腐作用），考虑体外索的穿索施工，推荐采用哈弗式外护套作整体防护。

OVM-S5、OVM-S6 型索体是由多根无粘结钢绞线经扭绞并热挤 HDPE 护套而成，防腐性能更加优越，此型索体采用集束式转向器（图 19-4）时可实现整体换索。

图 19-3　散束式转向器　　　　　　　　图 19-4　集束式转向器

**2. OVM 体外预应力转向装置**

体外预应力混凝土结构中的转向装置是一种特殊构造，它是除锚固构造外，体外预应力索在跨内唯一与混凝土体有联系的构件，并且负担着体外索转向的重要任务，也是体外预应力混凝土结构中最重要、最关键的结构构造之一。

OVM 体外预应力转向装置根据索体穿过的方式主要分为散束式转向器和集束式转向器两种。

散束式转向器主要由导管、挡板、隔板、ZH 砂浆组成，如图 19-3 所示，适用于 OVM-S3/S4 型索体，可以单根换索。

集束式转向器由无缝钢管弯制而成，如图 19-4 所示，适用于 OVM-S1/S2、OVM-S5/S6 型索体，可以整体换索。

**3. OVM 体外预应力减振装置**

由于车辆通行等各种因素会引起结构与索体产生的振动，如果索体的自振频率与整个结构的振动频率相近时，可能出现共振，给整个结构的安全带来隐患。为使索体自由段的振动频率不同于整个结构的振动频率，必须在适当的距离安装减振装置，以使索体自由段的振动区间变短并给索体适当地减振，避免索体产生有害的振动。图 19-5 为常用减振装置。

图 19-5　常用减振装置

## 第三节 OVM 体外预应力体系工程应用典型实例

OVM 体外预应力体系应用范围较广，下面主要介绍几个节段拼装体外索工程和现浇或钢混体外索工程。

### 一、节段拼装体外索工程

#### 1. 北京市四丰桥

该工程位于北京市西南四环丰北桥连接线 1 号匝道，北靠丰台公园，见图 19-6。工程采用悬臂拼装节段梁，共 7 跨。负责节段梁体外索安装，体外索采用的是 OVM 公司的 15-$\phi$15.2 环氧无粘结钢绞线（OVM-S4），锚具采用 OVM.TT15-15SF.0 体外索可换式的专用锚具，转向器采用散束式转向器，钢绞线标准强度为 1860MPa，体外索设计索力 $\sigma_k = 0.65R_y^b$，采用先单根预紧后整体张拉方案，由 OVM 工程公司负责体外预应力施工。

图 19-6 北京市四丰桥体外索工程

#### 2. 苏通大桥

苏通大桥位于江苏省东部的南通和苏州（常熟）市之间，是我国建桥史上工程规模最大、综合建设条件最复杂的特大型桥梁工程，见图 19-7。北引桥 B2 标为双幅两联结构，第一联采用 50＋9×75m、第二联采用 10×75m 预应力混凝土等高连续梁；锚具采用 OVM.T15-25 型体外索可换式专用锚具，索体采用 OVM 环氧无粘结钢绞线（OVM-S4），转向器采用散束式转向器。

图 19-7　苏通大桥体外索工程

## 二、现浇或钢混体外索工程

### 1. 北京学院路扩建工程

学院路为北京市区西北方向的主要城市道路之一，学院路改扩建工程三座立交桥分别为索家坟立交桥（现名文汇桥）、学院南路立交桥（现明光桥）及土城北路立交桥（现为学知桥），见图 19-8。

图 19-8　北京学院路体外索工程

在学院路改扩建桥梁工程中，北京市政设计院首次在钢混凝土联合梁中采用了体外索预应力新技术，充分发挥桥梁中各种材料的力学性能，降低了结构的厚度及工程经济指标。该工程采用 OVM 体外预应力体系，索体为环氧钢绞线无粘结筋成品索（OVM-S6），转向器采用集束式转向器。

### 2. 鞍山五一路立交

鞍山五一路立交位于鞍山市中心繁华闹市区，紧临建国路，西侧为铁路线密布的铁路编组站和拟建的有轨电车专用线，东侧为排列整齐的地区街道。该工程采用 OVM 体外预应力体系，索体为环氧钢绞线无粘结筋成品索（OVM-S6），转向器采用集束式转向器，见图 19-9。五一路立交桥于 2001 年 3 月正式开工，到 2001 年 10 月主路正式开通。

图 19-9 鞍山五一路立交体外索工程

# 第二十章　大吨位构件液压提升及顶推牵引技术

工程上常有一些特重、特大的构件需要进行空间吊装或者水平移位，安装位移达几十米、甚至几百米。有些构件重达几千吨，甚至几万吨，利用常规起重设备根本无法实现，预应力液压提升顶推技术应运而生，利用预应力技术对大吨位构件进行提升及水平推移，是国内近些年采用较多的一项新技术、新工艺，也是预应力技术的一种新用途。

## 第一节　预 应 力 提 升 技 术

利用预应力技术进行大型构件的提升，是一项新颖的建筑施工安装技术，它与传统的方法不同，采用柔性钢绞线承重，计算机控制，液压提升千斤顶同步提升，结合现代施工方法，将成千上万吨的构件在地面拼装后，整体提升到预定高度安装就位，利用此项技术，不但可以控制结构件的运动姿态和应力分布，还可以让结构件在空中长期滞留并进行微动调节，实现倒装和空中拼接，完成人力和现有设备难以完成的施工任务，使大型构件的安装过程既简便快捷又安全可靠。

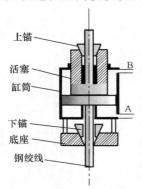

图 20-1　提升千斤顶
工作原理

1991 年，河北省安堡钢铁厂 500m³ 倒锥形水塔，300t 水柜提升 40m 高，1994 年，北京西客站 1800t 钢桁架提升 45m 以及上海东方明珠电视塔钢桅杆的吊装，都是采用预应力技术，利用预应力夹具、钢绞线、千斤顶、液压泵站，顺利完成了提升工作。

提升系统的工作原理如下：

提升千斤顶是整体液压提升技术的核心设备，其工作原理见图 20-1。

提升千斤顶为穿心式结构，中间穿过承重的钢绞线。活塞上装有上锚；底座与缸筒连成一体，其上装有下锚。当上锚夹紧钢绞线，下锚松开，油口 A 进油则活塞通过上锚带动重物上升至主行程结束。然后将下锚夹紧钢绞线，B 口进油，缩缸松上锚，完成空载缩缸，直至主行程结束，便完成一个行程的重物提升。如此循环，便可将重物提升到预定的高度。千斤顶的上下锚具的松紧也由各自的小千斤顶控制。如果提升千斤顶与上述循环过程相反工作，也可实现重物下降。

在工程实际应用中，提升千斤顶有提升和爬升两种工作方式：

## 一、提升

千斤顶固定在上方不动，重物（如钢屋架）通过地锚与钢绞线固定，提升时钢绞线与重物一起向上运动，见图 20-2。

北京西客站钢门楼预应力钢结构自重 1800t，由 4 榀钢桁架组成 43.8m×28.8m×12m 空间桁架结构，重量为 1200t，钢亭为 3 层飞檐四坡曲面 27m×27m×38m 钢网壳结构，重量为 600t，整体提升到 102.2m 的高度。钢屋架整体提升一次提升到位采用的就是该种方式，图 20-3 为该工程提升时的照片，图 20-4 为建成后的北京西客站钢门楼。

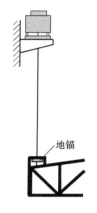
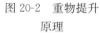

图 20-2　重物提升
　　　　　原理

图 20-3　北京西客站钢门楼提升

图 20-4　建成后的北京西客站钢门楼

## 二、爬升

千斤顶倒置，缸筒与重物固定，钢绞线通过天锚固定不动，提升时千斤顶连着重物沿着钢绞线向上运动，如图 20-5 所示。

上海东方明珠广播电视塔天线桅杆高 118m，基座面积 3.8m×3.8m，重量 450t，提升高度 350m，提升高度为亚洲之最。如此高的钢结构，显然不宜在高空中拼装，而需要在地面拼装后，整体提升到位，东方明珠广播电视塔天线桅杆整体提升时，采用的就是爬升的方法。图 20-6 是建成后的上海东方明珠电视塔。

提升和爬升两种工作方式没有原则性区别，主要视现场安装的客观条件而定。两种工作方式可以分别选用，也可同时使用。

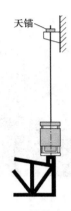

图 20-5　重物爬升原理　　　　图 20-6　建成后的上海东方明珠电视塔

## 第二节　预应力牵引、顶推及转体技术

　　提升和爬升是将千斤顶竖向放置进行使用的，而将千斤顶横向放置则可以实现重物的水平移动或转动。牵引就是将提升千斤顶平置，实现重物的水平移动及转动的一种方法。牵引在工程中应用较广，它能解决一些其他方法难以解决的问题。转体技术是牵引方法的一种，一般用在桥梁施工中，将桥梁的主体结构分为两部分，分别在两岸建造，制作好后利用水平放置的液压千斤顶、钢绞线及夹具等预应力产品分别将两部分平转至合龙位置进行合龙，主要解决地形条件以及其他不便直接建造的问题。如宜昌黄柏河大桥，由于地质条件复杂、跨度大而采用转体技术，避免了在水中建造桥墩延长工期增加费用的情况，都拉营 T 构桥位于贵阳市，横跨川黔铁路，为避免施工时对交通的影响，采用了转体技术。图 20-7 为宜昌黄柏河大桥施工时的照片。

图 20-7　黄柏河大桥转体施工

位于广西梧州桂江与西江汇合处的桂江三桥，全桥长 225m，主跨 175m，为 3 孔自锚式钢管混凝土中承式系杆拱桥。主拱为工厂预制，现场提升、竖转合龙，见图 20-8。

图 20-8　桂江三桥转体施工

图 20-9 为丫髻沙大桥竖转、平转施工。

图 20-9　丫髻沙大桥竖转、平转施工

将千斤顶置于构件后面直接顶推，可用于路面下管道的安装，这种安装方式能够实现不开挖路面进行路面下施工，如南宁市政排水管道。将千斤顶及锚具组件置于大桥各桥墩，可实现桥梁连续顶推施工，即只需在河岸上将梁板浇好，再顶推到河对岸。

## 第三节　整体液压提升技术的系统组成

计算机控制整体液压提升技术的核心设备采用计算机控制，可以全自动完成同步升降、实现力和位移控制、操作闭锁、过程显示和故障报警等多种功能，是集机、电、液、传感器、计算机和控制技术于一体的现代化先进设备。

计算机控制整体液压提升系统由钢绞线及提升千斤顶（承重部件）、液压泵站（驱动部件）、传感检测及计算机控制（控制部件）和远程监视系统等几个部分组成。钢绞线及提升千斤顶是系统的承重部件，用来承受提升构件的重量。用户可以根据提升重量（提升载荷）的大小来配置提升千斤顶的种类和数量，每个提升吊点中千斤顶可以并联使用。国内常用的提升千斤顶有 650t、350t、200t、100t 和 40t 几种规格，均为穿心式结构。钢绞线采用高强度低松弛预应力钢绞线，公称直径为 15.24mm，抗拉强度为 1860N/mm，破断拉力为 260.7kN。

液压泵站是提升系统的动力驱动部分，它的性能及可靠性对整个提升系统稳定可靠工作影响较大。在液压系统中，采用比例同步技术，这样可以有效地提高整个系统的同步调节性能。在液压泵站上，驱动提升千斤顶主千斤顶动作的子系统与驱动锚具千斤顶动作的子系统相互独立。各自子系统分别驱动相应的千斤顶伸缸、缩缸完成锚具的松紧或主千斤顶的升降。

传感检测系统主要用来获得提升千斤顶的位置信息、载荷信息和整个被提升构件空中姿态信息，并将这些信息通过现场实时网络传输给主控计算机。这样，主控计算机可以根据当前网络传来的千斤顶位置信息决定提升千斤顶的下一步动作，同时，主控计算机也可以根据网络传来的提升载荷信息和构件姿态信息决定整个系统的同步调节量。在计算机控制整体提升技术中，通常采取的传感器信号有激光测距仪测量距离、编码器测量位移、压力传感器测量压力、角度传感器测量角度和水平传感器测量水平状态等信号。

远程监视系统通过摄像头、监视器等设备对设备状态进行监控，避免人员的高空作业，降低劳动强度。

# 第二十一章 边坡锚固技术

边坡锚固技术是将预应力技术运用于边坡锚固工程中的一门技术，它的施工方法属于后张法，它主要通过钻孔将预应力筋（钢绞线或高强钢筋）固定于深部稳定的地层中，并在被加固体表面通过张拉预应力筋产生预应力，从而加强被加固岩土体的强度，改善岩土体的应力状况，提高岩土稳定性，达到使被加固体稳定和限制其变形的目的。

边坡锚固包括喷锚支护与预应力筋加固，喷锚支护主要是作为防止岩层风化、雨水冲刷、局部浮石的滑动及边坡表面加固的措施，具体分为两个方面：一是利用锚杆支护，它既可以制约岩体的变形，并与岩体一起构成一个整体共同承担外荷载及本身自重的作用；二是表面喷射混凝土以避免和限制坡体脱水、风化、变形，同时由于钢筋网喷射混凝土具有密贴性、柔性和很高的适应性，即使岩体有一定的发展也可保持其整体性。

预应力筋加固主要包括以下步骤：

## 一、钻孔

经过前期勘察和计算后，设计单位根据具体的地质条件定出钻孔的位置、深度、孔径大小，施工单位按照设计施工图上的要求进行钻孔，在岩层钻孔通常采用气动钻机。

## 二、编索、穿索

将预应力筋（通常采用钢绞线）按设计长度用砂轮机切割下料，将各根钢绞线安放进隔离架中，按次序用钢丝绑扎牢固，并穿入注浆管，绑好导向帽，然后将整束预应力筋穿入钻好的孔中。也可以直接采用成品索，在现场只需将成品索穿入孔内即可。

## 三、孔内注浆

通常采用灌浆泵将水泥浆通过注浆管注入孔底并从孔底往孔口返浆的注浆方法，形成锚固段。

## 四、浇筑钢筋混凝土墩

钢筋混凝土墩在孔口浇筑，它直接承受锚下应力，将锚索的直接荷载均匀传递到岩体。

## 五、张拉

待孔内锚固段和钢筋混凝土墩实际强度达到设计强度要求后，即可安装锚具，按照预应力后张法施工的要求进行张拉。

## 六、补浆

将预应力筋张拉锚固后，对锚下预埋管内的空隙进行补浆。

## 七、封锚头

补浆完成后，将多余钢绞线切除，锚头采用保护罩或周边厚度不小于 25mm 的水泥盖封。

边坡锚固技术在边坡地质灾害治理等方面取得显著效果，新疆克孜尔水库除险加固工程就是其中的一例。新疆克孜尔水库右坝肩山体边坡形成以后，由于地层产状近于直立，走向与边坡走向基本一致，岩体强度低，在边坡应力场作用下，表部岩层逐渐向外弯曲倾倒变形，折断拉裂，部分地段顺折断拉裂缝产生了座滑变形，见图 21-1。

图 21-1　新疆克孜尔水库边坡概况

根据勘察阶段、施工及除险加固勘察资料，右坝肩山体变形范围为坝轴线东（下游）125m 到主坝轴线西（上游）450m，高程由 1214m～1250m 以下山体，对水库水利枢纽安全造成极大的威胁，2010 年 7 月，该工程采用成品锚索进行了边坡锚固施工，图 21-2 为采用成品索施工中的右坝肩边坡。

图 21-2　采用成品索施工中的右坝肩边坡

　　边坡锚固技术结构简单、施工安全、对坡体挠动小、对附近建筑物影响小、节省工程材料并对坡体或加固建筑物的稳定起到立竿见影的效果，所以近年来得到了迅速发展和广泛应用，如：在边坡、基坑、矿井、隧洞、地下工程、坝体、航道、水库、机场及抗倾、抗浮结构等工程建设中获得大量应用。

　　预应力技术在现代工程中运用越来越广泛，除在以上几个领域中运用外，目前预应力技术还在顶管、吊装等方面广泛应用，随着预应力技术的进一步发展，必将更多地应用于各相关领域，在我国工程建设中发挥重要作用。

# 第二十二章　预应力锚固系统在核电安全壳的运用

核电作为一种清洁能源，在世界范围内被广泛采用。近几年来，由于我国核电发展方针由"适度发展核电"调整为"加快发展核电"，因此我国核电在最近 5 年内发展较快，多个核电项目在建。随着我国建成核电站数量的增加，核电对缓解我国电力资源的不足将起到较大的作用。

目前在建的核电站反应堆外都有安全壳，安全壳是核电站第三道安全屏障，也是最后一道安全屏障，它不仅要保证核电站内部设施的正常运转，防止各种放射性物质对外部的辐射，还要能够承受外部突发事件，如：地震、飞机撞击等对核电站的侵袭。安全壳按结构体系可分为钢筋混凝土结构、预应力混凝土结构和钢结构三种类型，按结构构造可分为单层壳和双层壳两种类型。国内核电项目运用最多的是预应力混凝土单层安全壳。

预应力混凝土单层安全壳由穹顶、安全壳筒体及基础筏板组成，其中穹顶为扁球壳，筒体为圆柱体薄壳结构，这两部分都需要用预应力锚固系统对结构施加预应力。预应力锚固系统是预应力混凝土安全壳结构重要的组成部分，在 2008 年之前，我国建好和在建的核电站全部采用国外预应力锚固系统，为实现我国核电预应力产品的国产化，柳州欧维姆机械股份有限公司经过多年努力，开发了适用于我国在建核电项目的 OVM15R 核电锚具，按照 FIP 标准以及国内预应力锚具的相关标准要求，核电锚具做了大量的试验，试验时按照核电的特殊要求，增加了试验难度，各种试验结果表明欧维姆公司专为核电安全壳开发的 OVM15R 核电锚具的各项性能指标完全满足标准要求。

OVM15R 锚具包括竖向束预应力锚固系统、水平束预应力锚固系统和穹顶束预应力锚固系统。

我国核电采用预应力混凝土单层安全壳的工程，一般包括 2 个 1 百万千瓦的核反应堆，采用后张预应力混凝土结构，安全壳预应力系统包括竖向、水平和穹顶预应力系统三部分。预应力系统钢束采用 $\phi$15.7 低松弛钢绞线，强度等级为 1770MPa。欧维姆核电预应力锚固系统在核电安全壳上的施工包括穿束、张拉、灌浆三个阶段。

## 一、穿束

安全壳上端混凝土浇筑完毕达到强度要求，设备、人员、材料、资料准备完善，检查合格后即可进行钢绞线的穿束工作。

钢绞线盘卷放在平台后的环梁顶部，穿束流程如下：钢绞线运至现场→钢绞线装入解线盘→解线盘支撑架安装→穿束机就位→钢绞线穿束→钢绞线切割→钢绞线外露端防护。

竖向束穿束（图 22-1）时钢绞线通过预留孔道单根从上端往下进行，穿束前上端在承压板止口内放上锚固块，将钢绞线头套上导向套引入任一锥孔后，启动穿束机，钢绞线沿着孔道往下，出下端孔口一定长度后廊道下端人员通过对讲机通知上面人员，停止穿束，在钢绞线上端穿入夹片，将夹片推入锥孔内，留足张拉长度后用砂轮切割机切断钢绞

图 22-1　竖向束穿束

线，按同样方法继续穿下一根，直至穿完 36 根（中心孔不穿）。穹顶束和环向水平束穿束也是利用穿束机单根穿，从一端穿到另一端。一束钢绞线全部穿入孔道后，将下端锚固块推进承压板止口用夹片固定。

## 二、张拉

竖向钢绞线束一般只在上端张拉，对于设计指定的人员闸门、设备闸门等洞口附近的弯曲钢束，则先在上端张拉，然后在下端补张拉，穹顶束和环向水平束则在两端同时张拉。

张拉设备采用欧维姆公司专为核电施工设计的 YCW1000H-250 千斤顶、YCW500H-300 千斤顶及配套智能张拉泵站。

穿束检查合格后进行限位板、工具锚等的安装，安装顺序如下：

安装限位板→安装导向板→安装千斤顶→安装工具锚板及工具夹片

导向板随限位板一起安装，安装好千斤顶后，将导向板从限位板处拉到千斤顶尾部，对好孔后再安装工具锚板及工具夹片，保证钢绞线在千斤顶内没有相互交叉。图 22-2 为竖向束工具锚安装照片，图 22-3 为竖向束张拉时的照片。图 22-4 为环向水平束张拉，图22-5 为穹顶束张拉。

图 22-2　竖向束工具锚安装

图 22-3　竖向束张拉

图 22-4　环向水平束张拉　　　　　　　　　图 22-5　穹顶束张拉

## 三、灌浆

### 1. 灌浆前的准备

砂轮切割机切断锚固块端部钢绞线，留约 30mm 长，安装灌浆帽；检查灌浆泵，将安全减压阀调到合适压力（竖向束灌浆压力 18bar，环向水平束及穹顶束为 10bar）。

### 2. 灌浆过程

按照灌浆工艺进行，从低处往上灌，注意排气。

我国国产预应力锚固系统已取代国外产品在国内外多个核电项目使用，使用情况表明我国核电预应力锚固系统完全满足核电安全壳使用要求。

# 第二十三章　预应力技术在旧桥加固工程上的应用

我国是桥梁大国，桥梁总类多，数量多。桥梁在使用一定时间后，为保证安全，许多旧桥需要进行加固。旧桥加固方法很多，目前运用较为广泛的采用碳纤维锚具加固和采用防落梁装置。

## 第一节　预应力碳纤维锚具在旧桥加固工程中的应用

### 一、预应力碳纤维锚具加固原理

对于需要加固的构件，采用涂覆有专用环氧胶的碳纤维板进行预应力张拉，修复构件的变形和闭合裂纹，而后将碳纤维板粘贴、锚固在构件上，提高构件的承载能力。图23-1为预应力碳纤维板锚固体系原理图。

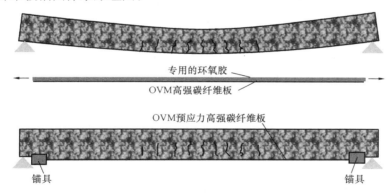

专用的环氧胶

OVM高强碳纤维板

OVM预应力高强碳纤维板

锚具　　　　　　　　　　　　　　　　　　锚具

图 23-1　预应力碳纤维板锚固体系原理

### 二、预应力碳纤维锚具加固优点

与直接粘贴碳纤维加固相比，预应力碳纤维板锚固体系既有效地利用了碳纤维的高强度，节约碳纤维用量，降低工程总造价，又能抑制构件的变形和裂缝的发展，其优势是非常明显的。预应力碳纤维锚具系统组成如图 23-2 所示。

预应力碳纤维锚具系统主要由两端的锚具、碳纤维板、碳纤维专用环氧胶、张拉装置及张拉设备等组成。碳纤维板的各项力学性能指标满足《桥梁结构用碳纤维片材》JT/T 532、《结构加固修复用碳纤维片材》GB/T 21490、《碳纤维片材加固混凝土结构技术规程》CECS 146 及《混凝土结构加固设计规范》GB 50367 中对碳纤维板的相关要求。碳纤维专用环氧胶的相关参数符合《碳纤维片材加固修复结构用粘接树脂》JG/T 166 的要求。预应力张拉施工完成后应及时对两端的碳纤维板锚具进行封锚，并对碳纤维板进行必要的

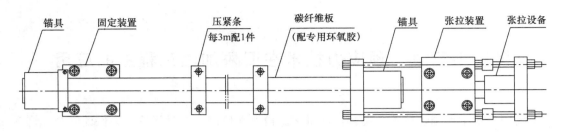

锚具　　固定装置　　压紧条　　碳纤维板　　　　　锚具　　张拉装置　　张拉设备
　　　　　　　　　每3m配1件　（配专用环氧胶）

图 23-2　预应力碳纤维锚具系统组成图

防护处理。

### 三、预应力碳纤维锚固体系施工方法

（1）定位：用钢筋探测仪或除去混凝土保护层的方法明确原桥钢筋网所在位置，以便能确定固定装置及张拉装置的安装位置。

（2）凿槽：在两端分别凿出安放固定装置、碳纤维板锚具、张拉装置、碳纤维锚具、张拉设备的沉槽。

（3）安装锚栓：钻出锚栓的安装孔，安装锚栓及固定装置、张拉装置。

（4）抹胶：在制作好锚具的碳纤维板表面均匀涂抹碳纤维专用环氧胶。

（5）安装锚具：安装两端锚具及张拉装置。

（6）张拉：张拉至设计要求的力值，拧紧张拉螺母。

（7）后处理：封锚及必要的防护。

## 第二节　防落梁装置在旧桥加固工程中的应用

我国是一个地震多发国家，特别是华北、西北、西南三大地震活动区，都有地震落梁破坏的实例。落梁破坏势必造成严重的交通中断，比如 2008 年汶川大地震，震后修复也比较困难，损失是巨大的。目前我国桥梁主要采用锚栓、挡块、钢托架等一次防落梁设施，基本上没有设置防止桥梁强震下掉落的二次防落梁装置。美国和日本在每次大的地震后，都对落梁破坏的桥梁进行分析、研究，不断改进防落梁构造。鉴于桥梁因掉落而产生严重损坏，多个国家和地区已着手将"防止落梁装置"指定为重要桥梁或高危险桥梁的必要装置。现在日本就采用二次防落梁构造，用于阪神地震后既有桥梁的加固和新建桥梁的抗震设计。因此，对防落梁构造的深入研究是十分必要的，选择适当的防落梁构造，防患于未然，以比较少的投资，获取长远的效益。

### 一、防落梁装置的组成

如图 23-3、图 23-4 所示，防落梁装置主要由连接索加上螺母、弹簧、止挡板、缓冲器、保护罩、紧定螺钉等主要零部件组成 。依据工程的实际需要，可设计成一端移动式（图 23-3）或两端移动式（图 23-4）。

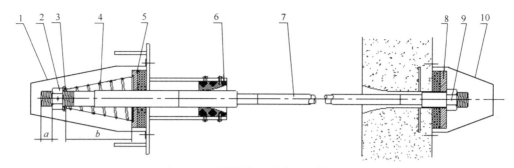

图 23-3 防落梁装置示意（一端移动）

1—保护罩（可选）；2—螺母；3—止挡板；4—弹簧；5—张拉端缓冲器；6—偏向器；7—连接索；
8—固定端缓冲器；9—紧定螺钉；10—固定端保护罩（可选）

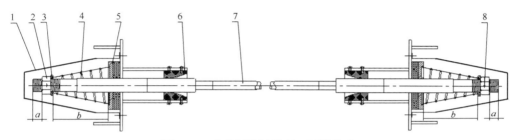

图 23-4 防落梁装置示意（两端移动）

1—保护罩（可选）；2—螺母；3—止挡板；4—弹簧；5—张拉端缓冲器；6—偏向器；
7—连接索；8—紧定螺钉

## 二、防落梁装置的施工方法

（1）完成施工前的准备工作。

（2）如图 23-5 安放连接索。

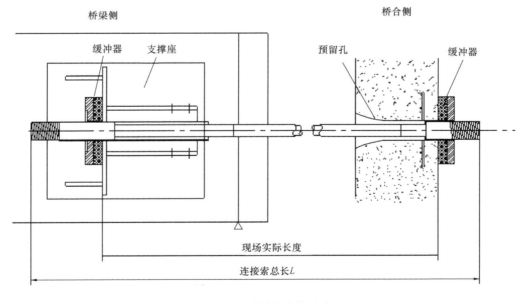

图 23-5 连接索安放示意

133

（3）如图 23-6 依序安装缓冲器、弹簧、止挡板、螺母。

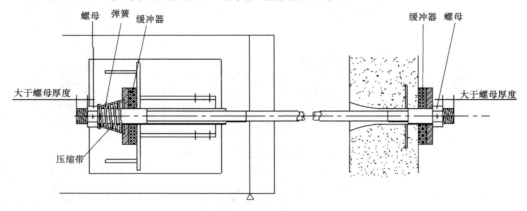

图 23-6　缓冲器等部件安装示意

（4）切断弹簧的压缩带（注意防止受伤）。

（5）旋转螺母，微调整移动量，而后将紧定螺钉拧紧。

（6）如图 23-7 所示安装偏向器和保护罩。

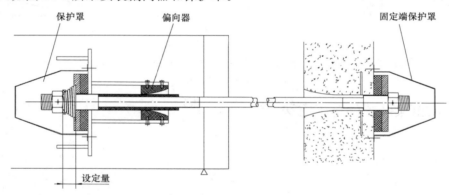

图 23-7　保护罩等部件安装示意

当采用防落梁装置将桥梁与桥墩相连时，可采用图 23-8 方式，此方案桥墩一端为固定式，梁底一端为移动式，固定端托座结构较小，采用双铰销结构，更方便施工安装。

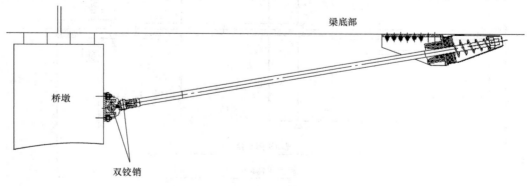

图 23-8　双铰销防落梁装置示意

# 第七篇　预应力施工安全管理及常见问题处理

## 第二十四章　预应力施工安全管理

预应力施工，属专业工程施工，专业性非常强，必须有专业承包资质的队伍组织实施，施工操作人员也应非常熟练和专业。各预应力构件或机具设备强度高、压力大、安装精度要求高，操作过程中容易出现安全问题或事故。施工安全事故一方面会造成人员伤亡和财产的直接经济损失；另一方面还会造成工程主体构件的损伤或破坏，如梁体或板的开裂、拱肋或塔柱的变形等。因此，施工需特别强调安全控制与管理。

## 第一节　安　全　教　育　与　培　训

按照相关要求，预应力施工必须编制专项安全施工方案，所有参加施工的人员都必须经过岗前培训和技术交底，确保施工操作的正确性，避免错误操作而引发事故。

（1）施工前，由专业施工单位针对工程制定切实可行的安全专项施工方案。专项方案由专业技术人员编制，公司技术和安全管理部门共同审核，公司技术负责人审批，经专业监理审核，总监审批后方可实施。

（2）项目部对进场施工的所有施工人员进行施工安全培训记录和安全技术交底记录。

（3）现场施工技术人员要严格按照既定的施工方案施工，按照"安全第一、预防为主"的方针组织生产。

（4）施工过程中开展教育、防范、检查、总结、提高等安全活动，提高安全意识，做好安全工作。

## 第二节　安　全　技　术　交　底

按照相关要求，预应力张拉悬空作业必须进行安全技术交底，一般包括如下内容：

（1）进入现场，必须戴好安全帽，扣好帽带，并正确使用个人劳动防护用具。

（2）悬空作业处应有牢靠的立足处，并必须视具体情况，配置防护网，栏杆或其他安全设施。

（3）悬空作业所用的索具、脚手板、吊篮、吊笼、平台等设备，均需经过技术鉴定或检证方可使用。

（4）进行预应力张拉的悬空作业时，必须遵守下列规定：

1）进行预应力张拉时，应搭设站立操作人员和设置张拉设备用的牢固可靠的脚手架或操作平台。雨天张拉时，还应架设防雨棚。

2）预应力张拉区域应标示明显的安全标志，禁止非操作人员进入。张拉钢筋的两端必须设置挡板。挡板应距所张拉钢筋的端部 1.5～2m，且应高出最上一组张拉钢筋 0.5m，其宽度应距张拉钢筋两外侧各不小于 1m。

3）孔道灌浆应按预应力张拉安全设施的有关规定进行。

# 第三节　安　全　规　定

（1）预应力筋的切割，宜采用砂轮锯，不得采用电弧切割。

（2）钢绞线编束时，应逐根理顺，捆扎成束，不得紊乱。钢绞线固定端的挤压型锚具或压花型锚具，应事先与承压板和螺旋筋进行组装。

（3）施加预应力用的机具设备及仪表，应定期维护和标定。

（4）预应力筋张拉前，应提供混凝土强度试压报告。当混凝土的抗压强度满足设计要求，且不低于设计强度等级的 75% 后，方可施加预应力。

（5）预应力筋张拉前，应清理承压板面，并检查承压板后面的混凝土质量。如该处混凝土有空洞现象，应在张拉前用环氧砂浆修补。

（6）锚具安装时，锚板应对正，夹片应打紧，片位要均匀，但打紧夹片时不得过重敲打，以免把夹片敲坏。

（7）大吨位预应力筋正式张拉前，应会同专业人员进行试张拉。确认张拉工艺合理，张拉伸长值正常，并无有害裂缝出现后，方可成批张拉。必要时测定实际的孔道摩擦损失。对曲线预应力束不得采用小型千斤顶单根张拉；以免造成不必要的预应力损失。在张拉时，操作人员必须站在安全地带，做好防护措施。操作人员严禁站在张拉时和张拉好的预应力筋前端。

（8）预应力筋在张拉时，应先从零加载至量测伸长值起点的初拉力，然后分级加载至所需的张拉力。

（9）预应力筋的张拉管理，采取应力控制，伸长校核。实际伸长值与计算伸长值的允许偏差为 $-5\%$～$+10\%$。如超过该值，应暂停张拉；采取措施予以调整后，方可继续张拉；如伸长值偏小，可采取超张拉措施，但张拉力限值不得大于 $0.8f_{ptk}$ 值；在多波曲线预应力筋中，为了提高内支座处的张拉应力，减少张拉后锚具下口的张拉应力，可采取超张拉回松技术。

（10）孔道灌浆要求密实，水泥浆强度等级不应低于 C30。灌浆前孔道应湿润、洁净，灌浆应缓慢均匀地进行，不得中断，并应排气通顺。如遇孔道堵塞，必须更换灌浆口，但必须将第一次灌入的水泥浆排出，以免两次灌入的水泥浆之间有气体存在。在灌满孔道并封闭排气孔后，宜再继续加压至 0.5～0.6MPa，稍后再封闭灌浆孔。竖向孔道的灌浆压力应根据灌浆高度确定。

（11）用连接器连接的多跨连续预应力筋的孔道灌浆，应张拉完一跨再灌注一跨，不得在各跨全部张拉完毕后一次灌浆。

（12）预应力筋锚固后的外露长度，不宜小于 30mm，锚具应用封端混凝土保护。当需长期外露时，应采取防止锈蚀的措施；当钢绞线有浮锈时，请将锚固夹持段及其外端的钢绞线浮锈和污物清除干净，以免在安装和张拉时浮锈、污物填满夹片赤槽而造成滑丝。

（13）工具夹片为三片式，工作夹片为二片，两者不可混用。工作锚不能当作工具锚，不能重复使用。

## 第四节　常用预应力施工设备安全管理

进场施工设备必须实行进场登记验收制度，并于施工前进行检查、检测，确定其完好性，只有通过检查符合规定后方能使用。

### 一、穿心式张拉千斤顶

（1）检查千斤顶标牌，标牌字迹应清晰。千斤顶必须是正规厂家生产，并具有出厂合格证和质保书。

（2）检查千斤顶组件是否配套和完善。千斤顶组件一般包括两种，一种为千斤顶、张拉撑脚、张拉杆、张拉螺母；另一组为千斤顶、限位板、工具锚、工具夹片。千斤顶组件必须配套，由厂家统一提供；不能配套使用时，要征得生产厂家同意和验算后方可使用。

（3）千斤顶使用前必须与压力表配套标定，标定在当地有资质的质量检测部门进行，并出具检测报告。

（4）最大张拉力不能超过千斤顶的额定张拉力。

（5）千斤顶穿心孔径必须满足大于张拉杆或钢绞线束的最大外圆，并有单边 5mm 以上的间隙空间。

（6）千斤顶张拉时，行程要严格控制在千斤顶设计行程内。当行程不能满足要求时，可以实行分次张拉，即先锚固、千斤顶回程、再张拉，直至满足要求。

（7）张拉过程中，需避免刮伤或碰撞油缸活塞。张拉时正对千斤顶两端禁止站人。

（8）千斤顶新出厂或闲置时间很长时，使用前应进行空载试验 2～3 次，检查油路和活塞是否正常，并排空液压缸内的空气。

### 二、高压油泵

（1）检查油泵标牌，标牌字迹应清晰。油泵必须是正规厂家生产，并具有出厂合格证和质保书。

（2）油泵组件包括高压油泵、高压油管、液压表。油泵组件宜由厂家统一配套提供；不能配套使用时，要征得生产厂家同意后方可使用。

（3）检查油管表面，是否有老化、开裂等现象，油管接头螺纹是否滑牙或损坏，若有以上现象，禁止使用。

（4）油泵应使用符合规定的液压油或机械油，油品好，加油时要通过油泵的滤网过滤。

（5）施工前检查油泵的油量，不能低于最低油标位，也不能高于最高油标位。

（6）拆卸油管必须在油泵停机后，并且油泵上方的两个截止阀手柄皆处于完全松开状态时方能进行。

（7）油泵工作前，需检查高压油管两端是否全部接好千斤顶和油泵，接头内必须安装铜垫片，接头必须用扭力扳手拧紧。检查油压表是否安装并拧紧，接头是否安装铜垫片。若有没有安装到位，禁止开机。

（8）液压表的量程要大于油泵的额定压力，油泵的额定压力要大于千斤顶的公称油压。

（9）油泵电机使用过程中出现异常响声，要及时停止工作，检查原因，待原因查明并排查完成后，才能工作。

（10）油泵使用完后，要盖好，防止雨水流入，引起漏电或短路。油泵要配置专用工作电箱，有漏电保护装置。

（11）油泵启动前，要检查各手柄是否处于完全松开状态。保证空载启动。

### 三、挤压设备

（1）检查挤压机标牌，标牌字迹应清晰。挤压机必须是正规厂家生产，并具有出厂合格证和质保书。

（2）挤压套安放要平整，挤压套表面干净，并涂有专用润滑油脂。挤压机启动后，要稍微用手指扶正挤压套，注意不能戴手套操作，以免手套被带入挤压模内伤及手指。

（3）最高的挤压油压值为 $25\sim35MPa$，压力过高要检查是否异常。挤压套挤出挤压模后，油压开始回降，要及时回油，以免伤及挤压模。

### 四、镦头器

（1）镦头器属特种专用设备，使用前检查镦头器标牌，标牌字迹应清晰。镦头器必须是正规厂家生产，并具有出厂合格证和质保书。

（2）根据钢丝直径规格（有 $\phi5$、$\phi7$ 两种），选用不同型号的镦头器，不可混用。

（3）使用镦头器时，先试镦，检查镦头尺寸是否符合厂家给定的数据，否则调整压力，重新试镦，直至满足要求。

（4）钢丝镦头后不能正常取出时，要停机检查，扭出镦头器前端盖，调整弹簧后取出。检查原因，并修理完好后方能工作。

### 五、压花机

（1）压花机属特种专用设备，使用前检查压花机标牌，标牌字迹应清晰。压花机必须是正规厂家生产，并具有出厂合格证和质保书。

（2）使用压花机时，先试压，检查形状尺寸是否符合要求，否则重新试压，直至满足要求。

（3）压花机压花完成后，油压接近零时，要及时回程。

### 六、灰浆高速搅拌机

（1）临时接电要严格按照施工用电规范要求，采用一机一闸，有防水漏电装置。

（2）搅拌机工作前要检查是否固定牢靠。

（3）料仓需有防护装置，防止袋装水泥和杂物整体掉入料仓。

## 七、灰浆泵

（1）灰浆泵接电要严格按照施工用电规范要求，采用一机一闸，有防水漏电装置。灰浆泵转动有方向性，反转时要及时更换线路，使其保持正转。

（2）灰浆泵吸浆口、排浆口和出浆口要严格按设备说明书，不能混接。

（3）压浆管要选择多层帆布或带钢丝网的高压橡胶管，承受压力大于等于 1.5MPa。

（4）压浆泵工作时严禁拆卸注浆管和吸浆管。

（5）压浆泵压力表要完好，并经检验合格。

（6）操作工人要穿专用工作服，戴防护眼镜。

（7）堵管时，要先打开排浆口，压力表压力为零时才能拆卸管道清理。同时注意拆卸管口，不准正对人。

（8）每个台班施工完后，将注浆泵清洗干净。

## 第五节　预应力施工安全控制要点

由于预应力施工与普通施工有很多特殊之处，因此在进行预应力施工时，除遵守一般施工安全操作规程外，还应严格遵守以下施工注意事项，以确保工程、设备及人员安全：

（1）不同预应力锚固体系和不同厂家产品严禁混用，同一预应力锚固体系和同厂家产品应配套使用。避免尺寸和参数的不一致引起钢绞线滑丝、断丝等其他意外事故。

（2）预应力材料要经检验且检测合格后方能使用；千斤顶和油表要配套标定合格后才能使用，油表要有合格证，并且完好；操作人员要有专门的培训和技术交底后才能施工。

（3）钢绞线出厂和运输时往往采用钢带绑扎固定，现场下料时，需提前用粗钢筋或钢管做好防护架，然后将钢绞线盘吊入防护架内，才能松开绑带。

（4）绑带松开应采用长臂的大力钳，不能采用砂轮机或电焊机等，操作人员离钢绞线盘保持约 1m 以上距离，防止钢绞线松时弹出伤人。钢绞线下料时，可采用人工牵引钢绞线，钢绞线盘及施工区域 4m 范围内不允许其他人员靠近。钢绞线切断应采用砂轮机，绝不允许采用电焊和氧割的方式。

（5）工作夹片与工具夹片不能混用；工作锚板和工具锚板不能混用。夹片和锚孔使用前要用干净的棉布或棉纱头擦拭干净，不能有异物。工具夹片要涂专用的润滑脂。

（6）安装夹片时应脱手套工作。安装千斤顶时要用手拉葫芦起吊，并固定牢靠。

（7）预应力筋张拉前，先检查混凝土外观，是否有混凝土缺陷，若有，应先修复或补强到满足设计要求；其次，检查混凝土强度报告，当混凝土的立方强度满足设计要求，且不低于规范要求后，方可施加预应力，以防止造成构件变形、破坏或锚垫板开裂等安全事故。

（8）安装工作夹片后要用专用打紧器。调整千斤顶和工作锚板在同一轴线上，安装工具锚和工具夹片，工具夹片要用专用打紧器打紧。防止张拉时出现部分夹片未能及时跟进。

（9）千斤顶预紧后，要及时松开手拉葫芦等固定千斤顶的装置，保持千斤顶呈完全自由状态。防止夹片跟进不均匀而出现滑丝；张拉锚固后，要及时稍微收紧葫芦，固定千斤顶后方能千斤顶回程，防止千斤顶滑坠伤人。

（10）张拉施工时千斤顶后面及固定端正后方 30m 范围内严禁站人。确实需通行时，可在两端正后方 10m 处采取隔离措施后才能通行。施工现场进口和危险作业区周围应挂设警示标语，并配 2 名安全人员在两端看护和指挥。

（11）张拉完成或正在张拉施工的锚具、夹具和预应力筋不能用榔头等物体敲打、冲击，也不能在其受力部位实施切割，以防发生意外。

（12）张拉完成后，灌浆前，用手提砂轮机（严禁电焊和氧割切除）切除多余钢绞线。切割时施工人员要戴防护眼镜，防止砂轮片飞溅伤人。灌浆时，工人要戴防护眼镜和防尘口罩，砂浆或灰浆要搅拌均匀。配有专人搅拌盛浆桶内浆体，防止沉淀。

（13）灌浆前，检查各管道和接口连接是否牢固，否则，要重新安装牢固。从一端灌入，待排气口出浓浆后，停止灌浆。封堵排气口，启动灌浆泵加压至 1.5MPa，马上停机，防止压力过大造成爆管或接口脱出，反复 2～3 次。

（14）灌浆过程中严禁带压力拆装管道和接口。注意接口和管道口严禁正对施工人员，特别是严禁正对眼睛。遇堵管时，先停机，卸压后拆除管道并清理。

（15）灌浆泵安放位置较低时，管道要上高空。注意管道中间必须用钢线与构建物或钢管架等多次连接牢固，避免注浆管灌浆时掉落或接头脱出。

（16）施工作业过程中，工人要戴手套、戴安全帽、穿防护鞋。混凝土封头时应戴胶手套。

# 第二十五章 预应力施工常见问题及处理办法

本章收集了预应力施工过程中出现过的问题，从现象、原因分析、预防措施、治理方法几方面加以说明，目的有两点：一是防止此类问题在施工中出现；二是如果在施工中出现此类问题时，要了解该如何处理。

## 第一节 预应力材料、锚夹具常见问题及处理办法

### 一、钢丝或钢绞线表面生锈

**1. 现象**

预应力钢丝或钢绞线表面有浮锈、锈斑、麻坑等。

**2. 原因分析**

生产过程中，经中频回火炉处理后，经循环水进行冷却，再经气吹，给水量过大，喷气量太小，造成钢绞线或钢丝表面有一定的水份，经过一段时间表面出现浮锈。受车间环境影响，或由于夏天空气潮湿，存放过程中出现浮锈。在运输与存放过程中，钢丝或钢绞线盘卷包装破损，遭受雨露、湿气或腐蚀介质的侵蚀，易发生锈蚀。

**3. 预防措施**

生产过程中，调整合理的冷却给水量，加大气吹量，确保钢丝和钢绞线表面干燥，加强车间通风条件。每盘钢丝或钢绞线包装时，加防潮纸、麻片等，用钢带捆扎结实。预应力钢丝和钢绞线运输时，应采用篷车或油布严密覆盖。预应力钢丝和钢绞线储存时，应架空堆放在有遮盖的棚内或仓库内，其周围环境不得有腐蚀介质，如储存时间过长，宜用乳化防锈油喷涂表面。

**4. 治理方法**

预应力钢丝和钢绞线表面允许有轻微的浮锈，对于轻度锈蚀（锈斑）的钢丝和钢绞线，应作力学性能检验，对其合格者，应采取除锈处理后方可使用，除锈方法，可采用钢丝刷或细目砂纸，除锈后用干净棉纱头擦拭干净，除锈后应立即使用，防止再度生锈；对不合格者，应降级使用或不得使用，对严重锈蚀或麻坑者不得使用。

### 二、钢绞线从夹片锚具中滑脱

**1. 现象**

张拉过程中，钢绞线突然从张拉千斤顶的工具夹片中或固定端夹片锚具中滑脱，造成夹片损坏，钢绞线飞出，应力消失。张拉锚固时，钢绞线突然从张拉端锚具中滑脱，造成夹片损伤，钢绞线飞出或应力损失。

**2. 原因分析**

钢绞线表面的浮锈或砂尘等杂物太多，致使夹片齿槽与钢绞线的咬合深度太浅，剪力变小造成滑脱。或夹片内有杂物，未清理干净。不同锚固体系的锚固构件或工具混用，如工作锚、工作夹片、工具锚、工具夹片及限位板等，不配套，造成锚具组件不合理，引起滑脱。锚板锥形孔有杂质，锚具锈蚀，多次使用，孔变形。夹片质量不合格，如硬度低、齿型有缺陷等。夹片安装不平齐，受力不均。限位板的尺寸太小，张拉时钢绞线表面刮伤严重，致使铁屑填满夹片齿槽，造成锚固时钢绞线滑脱；限位板的尺寸太大，使夹片不能自锚而产生滑脱。张拉锚固时，千斤顶卸压太快，产生冲击，造成滑脱。预埋式固定端采用锚具时，混凝土振捣时造成夹片松动及水泥浆渗入，张拉时滑脱。张拉设备未按规定标定、检验，或随意配套组合使用，造成张拉力过大，钢丝或钢绞线被拉断后从夹片中滑脱飞出。

**3. 预防措施**

不同体系、不同厂家的夹片、锚具及张拉工具，不得混用。安装锚具前，应清除钢绞线夹持段表面浮锈和尘砂，直至干净。预埋式固定端应采用压花锚具或挤压锚具，不得采用夹片锚具，以防止钢绞线滑脱。保持夹片内外表面和锚孔的干净，不得有杂物；对工具锚夹片，应经常将齿槽清理擦拭干净。工具锚夹片外表面使用前需涂专用油脂。夹片的齿型不得有任何缺陷，其硬度应达到设计要求。夹片安装时应采用钢管打紧，缝隙均匀。选用与钢绞线直径配套的限位板及限位尺寸。张拉锚固时，千斤顶应缓慢卸压，使钢绞线带着夹片徐徐楔紧。张拉千斤顶、油压表要进行配套标定，并绘出千斤顶张拉力与油压表读数的关系曲线。张拉时，要缓慢均衡加压，张拉力要严格按照曲线对应的油压值。油表损坏不正常或千斤顶漏油经过修理，需重新进行标定后才能使用。

## 三、预应力筋的断丝

**1. 现象**

后张法预应力筋张拉时，预应力钢丝和钢绞线发生断丝，使得构件的预应力筋受力不均匀或使构件不能达到所要求的预应力值。

**2. 原因分析**

预应力筋未按规定要求梳理编束，呈松紧不一或发生交叉等现象，造成张拉时受力不均，易发生断丝。施工焊接时，将接地线接在预应力筋上，造成钢丝间短路，损伤钢绞线，张拉时发生脆断。预应力筋受损伤或强度不足，张拉时产生断丝。

**3. 预防措施**

预应力筋下料时，应及时检查其表面质量缺陷，如局部线段不合格，应切除掉。预应力筋编束时，应逐根理顺，捆扎成束，不得交叉，在构件两端有捆扎标记。预应力筋穿入孔道后，其外漏部分要用塑料薄膜包裹保护，防锈、防损伤等；张拉前，要打开包裹，将钢绞线拉出一端 10～30cm，清理锚固夹持段及工作段的浮锈和杂物干净，同法清理另一端。检查夹片是否有裂纹、变形、牙型不齐等缺陷，有缺陷时停止使用。每批预应力筋进场时，要按照规范规定的数量随机抽取材料进行原材料检验，合格后才能使用。焊接时，严禁焊钳触碰预应力筋，严禁利用预应力筋作为地线，以免电弧直接损伤预应力筋。

### 四、锚板开裂

**1. 现象**

锚板在钢绞线束张拉时或锚固后出现环向裂纹或炸裂，造成预应力损失或消失。

**2. 原因分析**

锚板原材料存在缺陷或工艺有缺陷，造成其强度不足。锚垫板表面未清理干净，有坚硬杂物，或安装时锚具偏出锚垫板上的对中止口，形成不平整的支承状态。锚板被过度敲击变形，或反复使用次数过多。

**3. 预防措施**

预应力产品质量要求非常高，应选用大型品牌厂家的产品，质量易保证。产品进场后，要及时抽样送检。锚具安装时应与孔道中心对中，并与锚垫板接触平整。锚垫板上如设置对中止口，则应防止锚具偏出止口外，形成不平整的支承状态。不能大力敲击锚板变形，工作锚板不能重复使用。

## 第二节　预应力设备常见问题及处理办法

### 一、千斤顶漏油

**1. 现象**

千斤顶张拉力达不到或没有压力。

**2. 原因分析**

使用的油液不清洁或油缸有拉伤痕迹，造成千斤顶漏油；或千斤顶密封圈损坏而引起张拉缸和回程缸窜油。

**3. 预防措施**

油泵的滤油网损坏后一定要及时更换；千斤顶属精密仪器，必须使用清洁、正规的油液。千斤顶不用时一定要用防尘帽将油嘴堵上，油管不用时一定要用塑料袋套上，严禁泥沙等杂物进入油管或千斤顶内部。油液应在半年或使用 500h 后更换一次。拆卸千斤顶，更换相应的密封圈。

### 二、油泵出现异响

**1. 现象**

油泵开机时电机不转，同时出现异响；随着张拉力增大，电机出现异响，而压力尚在油泵额定压力范围内。

**2. 原因分析**

电机缺相，无法正常转动；油液过脏造成柱塞吸油困难，或部分柱塞和弹簧出现故障而不工作。

**3. 预防措施**

检查配电箱和油泵电源接口是否有接头脱落或松动，万用表检查线路是否正常。停机，检查油液是否过脏，如果过脏及时更换。拆开油泵泵头，检查是否有柱塞弹簧断裂，如果有，及时成套更换柱塞和弹簧。

## 三、油泵油表升压速度过快

**1. 现象**

预应力张拉时，油表油压上升速度过快。

**2. 原因分析**

张拉时，油泵回程的截止阀处于扭紧状态；张拉时，节油阀手柄处于全部扭紧状态；张拉过程中，活塞已超出规定的行程，顶住缸体。

**3. 预防措施**

立即停机，缓慢松开回程端的截止阀，使其完全处于松开状态；然后按正常加油。立即停机，旋松张拉节流阀手柄，使其处于完全松开状态，然后按正常进油速度加压。立即停机，检查千斤顶行程是否已超出张拉行程；如果超出，马上卸压锚固；然后千斤顶回程，继续按正常程序张拉。

## 四、张拉设备使用混乱

**1. 现象**

张拉设备各配件不配套，锚口回缩量偏大，张拉力不准。

**2. 原因分析**

施工人员安全及质量意识不强；张拉设备不足，凑合使用。限位板限位尺寸过大，不按要求使用。张拉设备不按规定进行配套标定、检验；油表和张拉千斤顶未进行配套使用。

**3. 防治措施**

千斤顶、压力表、油泵、限位板、工具锚及夹片、工作锚及夹片等必须配套使用。如钢绞线为 $\phi 15$，其对应为 YJM15 型的工作锚具及夹片、工具锚具及夹片、限位板，应选用配套的千斤顶张拉，没有配套的千斤顶，必须选用同类千斤顶，其额定张拉力要大于实际张拉力的千斤顶，并配有相应的垫环保证对中，油泵为通用型，但选用油泵的供油量必须大于千斤顶的油缸用油量。

限位板尺寸偏大，设计不合理。限位板两面的限位尺寸不一样，使用时必须仔细辨认，并对应钢绞线直径规格选用。

张拉设备使用前，油表必须经计量单位专门检验合格，并与千斤顶配套标定，合格后才能使用；标定张拉设备用的试验机或测力计精度不得低于 $\pm 2\%$，压力表表盘直径大于150mm，其精度不应低于 1.5 级；张拉设备标定期限为半年，超过后需重新标定；油表使用过程中必须与配套标定的千斤顶使用，不能混用；配套标定过的油表或千斤顶，其中之一损坏，不能使用，需更换损坏设备或修理好，并经重新标定合格后可以使用。

## 五、高压油泵升压困难

**1. 现象**

在张拉施工过程中，按正常程序操作，拧紧节流阀杆为张拉设备供油，但压力上到一定位置后上不去。

**2. 原因分析**

泵体内空气未排净；有漏油点；溢流阀位置不对；溢流阀上的送油阀口破坏或阀杆锥端破坏；泵体中的柱塞与柱塞套磨损过度；柱塞弹簧断裂，部分柱塞不工作；油泵油量不足，或压力超过油泵额定压力。

**3. 防治措施**

对油泵空运转一定时间，排空气。检查油管及油表接口是否有铜垫片，以及铜垫片是否完好。检查千斤顶，是否有密封圈损坏，并产生内泄。油管是否有破损等漏油点，找出并将其排除。调整溢流阀，达到设定的压力位。对损坏的阀口和阀杆锥端进行维修或更换。更换磨损过度的柱塞组件，且必须成套更换。更换断裂的弹簧。添加机械油，达到要求的工作高度；选用油泵不配套，油泵工作已达到期限，必须更换大型号的油泵。

# 第三节 预应力工程常见问题及处理办法

## 一、混凝土构件开裂

**1. 现象**

混凝土构件变形（侧弯、扭转、起拱不均等），出现不正常裂缝。

**2. 原因分析**

操作人员未按照原定的张拉顺序进行张拉，致使构件或整体结构受力不均衡。混凝土构件强度未达到设计要求即进行张拉。混凝土浇筑质量问题。

**3. 防治措施**

根据对称张拉、受力均匀原则，并考虑施工方便，在施工方案中明确规定整体结构的张拉顺序与单根构件预应力筋的张拉顺序及张拉方式，操作人员在操作时一定要按照施工方案规定的张拉顺序及张拉方式进行张拉。混凝土构件一定要达到设计要求的强度才能张拉。混凝土搅拌及浇筑过程中引起的局部质量问题。

## 二、金属波纹管孔道漏浆

**1. 现象**

浇筑混凝土时，金属波纹管孔道内漏进水泥浆，造成孔道截面面积缩小或堵孔，以至于使预应力筋穿束困难，甚至无法穿入。当采用先穿筋工艺时，一旦漏进浆液将预应力束固结在里面，致使张拉无法正常进行。

**2. 原因分析**

金属波纹管非正规厂家生产，无出厂合格证，进场时又未验收，里面混入了劣质产品，表现为钢度差，咬口不牢，表面锈蚀等。

波纹管接长处、波纹管与锚垫板连接处，波纹管与灌浆排气管连接处等接口封闭不严密，浇筑混凝土时流入浆液。

波纹管遭意外破损，如钢筋压伤管壁、电焊火花烧伤管壁、先穿束时由于戳撞而咬口开裂、浇筑混凝土时振捣器碰伤管壁等。

波纹管安装就位时，在拐弯处折死角或反复弯曲等，会引起管壁开裂。

### 3. 预防措施

金属波纹管应购买正规厂家生产的产品，应有产品合格证并附有质量检验单，其各项指标应符合现行《预应力混凝土用金属波纹管》JG 225 的要求。波纹管进场时，应从每批中抽取 3 根，先检查管的内径 $d$，再将其弯折成 $30d$ 的圆弧，高度不小于 1m，检查有无开裂与脱扣现象，同时做灌水试验，检查管壁有无渗漏现象，经检查合格后方可使用。

金属波纹管搬运时应轻拿轻放，不得抛甩或在地上拖拉，吊装时不得以一根绳索在当中拦腰捆扎起吊。波纹管在室外保管的时间不宜过长，应架空堆放并用毡布等有效措施防止雨露和各种腐蚀性气体、介质的影响。

金属波纹管的接长，可以采用大一号同型波纹管，接头管的长度为 $200\sim300mm$，在接头处金属波纹管应居中碰口，接头管两端用密封胶带或热缩管封裹牢固。

金属波纹管与锚垫板连接时，应顺着孔道线形，插入喇叭口内至少 50mm，并用密封胶套封裹牢固。金属波纹管与埋入式固定端钢绞线连接时，可采用水泥胶泥或棉丝与胶带封堵密实。

灌浆泌水管与波纹管的连接是在波纹管上开洞，用带嘴的塑料弧形压板与海绵垫片覆盖并用钢丝扎牢，再接增强塑料管（外径 20mm，内径 16mm），并伸出梁面约 400mm。为防止泌水管与波纹管连接处漏浆，波纹管上可先不开洞，并在外接塑料管内插一根钢筋，待孔道灌浆前再用钢筋打穿波纹管，拔出钢筋。波纹管在安装过程中，应尽量避免反复弯曲，如遇折线孔道，应采取圆弧线过渡，不得折死角，以防管壁开裂。

加强对波纹管的保护，防止电焊火花烧伤管壁，防止钢筋戳穿和压伤管壁，防止先穿束使管壁受损。浇筑混凝土时应有专人值班，保护张拉端预埋件、管道、排气孔等，如发现波纹管破损，应及时修复。

### 4. 治理方法

对后穿束的孔道，在浇筑混凝土过程中及混凝土凝固前，可用通孔器通孔或用水冲孔，及时将漏进孔道的水泥浆散开或冲出。

对先穿束的孔道，应在混凝土终凝前，用捯链来回多次拉动孔道内的预应力筋，以免水泥浆凝固堵孔。

如金属波纹管孔道堵塞，应查明堵塞位置，凿开疏通。对后穿筋的孔道，可采用细钢筋插入孔道探出堵塞位置，对先穿筋的孔道，细钢筋不易插入，可改用张拉千斤顶从一端试拉，利用实测伸长值推算堵塞位置，试拉时，另一端预应力筋要用千斤顶拉紧，防止堵塞砂浆被拉裂后，张拉端千斤顶飞出。

## 三、曲线孔道与竖向孔道灌浆不密实

### 1. 现象

曲线孔道的上曲部位，尤其是大曲率曲线孔道的顶部，孔道灌浆后会产生较大的月牙形空隙，空隙会造成积水。竖向孔道灌浆后，其顶部往往会产生一节空洞。竖向孔道顶部预应力筋如没有水泥浆保护，会引起腐蚀，给工程造成隐患。

### 2. 原因分析

孔道灌浆时，水泥浆中的水泥向下沉，水向下浮，泌水聚集在曲线孔道的上曲部位或竖向孔道的顶部，被吸收后下空隙或空洞。水泥浆的水灰比大，没有掺减水剂与膨胀剂，造成浆体收缩大，泌水多。灌浆压力不足，使水泥浆不能压送到位，浆体不密实，孔道顶部的泌水排不出去；保压时间不够。

**3. 防治措施**

对重要的预应力工程，孔道灌浆用水泥浆应根据不同类型的孔道要求试配，合格后方可使用。对高差大于 500mm 的曲线孔道，应在其上曲部位设泌水管（也可作灌浆用），泌水管应伸出梁顶面 400mm，以便泌水向上浮，水泥向下沉，使曲线孔道的上曲部位灌浆密实。对于高度较高的竖向孔道，可在孔道顶部设置重力罐补浆装置，也可在低于孔道顶部处用手动灌浆泵进行二次灌浆排除泌水，使孔道顶部浆体密实。竖向孔道的灌浆方法，可采用一次灌浆到顶或分段接力灌浆，要根据孔道高度灌浆泵的压力来确定。孔道灌浆的压力最大限制为 1.8MPa，分段灌浆时要防止接浆处憋气，灌浆操作工人应经过培训上岗，严格执行灌浆操作规程，确保孔道灌浆密实。孔道灌浆后，应检查孔道顶部灌浆密实度情况，如有空隙，应采取人工徐徐补入水泥浆，将空气逸出。

## 四、张拉时锚垫板沉陷

**1. 现象**

张拉时锚垫板锚垫板忽然沉陷，或锚垫板裂开，锚垫板周边混凝土开裂。

**2. 原因分析**

锚垫板后混凝土浇筑不密实。锚垫板本身质量不合格，刚度不够，或锚垫板安装角度不符合要求。锚垫板周边钢筋配置不足，或混凝土强度不够。

**3. 防治措施**

锚垫板后按规范或设计要求安放螺旋筋，位置要安放正确，螺旋筋与结构钢筋固定牢固。混凝土浇筑时要特别注意浇筑及振捣密实。

锚垫板要选用正规厂家的合格产品，进场后按规定进行材料送检，合格后才能使用；锚垫板安装时锚垫板面要与孔道中心线垂直。

张拉时锚垫板局部承压很大，而锚垫板周边混凝土承受拉力，要设计配置好相应的钢筋以帮助周边混凝土承受拉力；由于锚垫板局部承压很大，混凝土强度必须在达到要求后才能进行张拉施工。张拉时可先试拉，控制速度要慢，一旦出现沉陷，立即停止施工，分析原因，并对锚后混凝土进行加固补强。

# 第八篇 现场实习与实操作业

前面几部分学习了预应力的基础知识，了解了预应力施工需要的材料及锚具、夹具、预应力设备，知道了预应力张拉施工的过程以及预应力在各领域中的应用，清楚了预应力施工中易出现的问题及其防治方法，通过这几部分的学习，对预应力施工的整个过程有了比较清楚的认识，为了更好掌握预应力施工技术，本书增加了现场实习部分，通过现场拆装施工中常用的穿心式千斤顶、前卡式千斤顶、ZB4-500高压油泵，学员能更进一步了解预应力设备的结构，了解在实际施工中设备可能出现的故障及其排除方法、保养方法，懂得如何操作预应力设备。通过现场张拉，学员可以熟悉后张法施工中工作锚板、工作夹片、限位板、工具锚板、工具夹片、千斤顶的安装部位及安装方法，熟悉千斤顶和油泵的连接方法以及预应力施工时将预应力筋拉长的张拉方法。

# 第二十六章 穿心式千斤顶的拆装

## 一、穿心式千斤顶结构

穿心式千斤顶主要由三大部分组成：一是由油缸、穿心套、定位螺母、大堵头、后密封板、后压紧环以及密封件组成的"不动体"；二是由活塞及其密封件组成的"运动体"；三是便于吊运的提手部分（图26-1）。

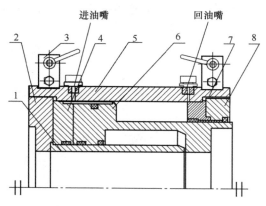

图26-1 穿心式千斤顶结构

1—穿心套；2—定位螺母；3—吊箍；4—大堵头；5—油缸；6—活塞；7—后密封板；8—后压紧环

## 二、穿心式千斤顶拆的顺序

穿心式千斤顶结构相同，均由以上几部分构成，其拆的顺序如下：

（1）将定位螺母旋出。

（2）将千斤顶横放，用高压油管分别与电动油泵、千斤顶回油嘴相接。

（3）启动油泵，缓慢向回油管中加油，推动活塞将大堵头、穿心套顶出，待有油从进油嘴中流出时停止供油（注意用容器将油接住，不要弄脏地面）。

（4）将活塞取出，将后压紧环取出，将后密封板取出。

## 三、穿心式千斤顶装配顺序

穿心式千斤顶装配顺序如下：

（1）将密封圈装入相应零件沟槽中，抹上黄油，在油缸、活塞及穿心套的装配角及附近抹上适当黄油。

（2）将油缸竖放，将后密封板放入油缸内，将后压紧环旋入，压紧后密封板。

（3）将油缸倒放（放好后密封板及后压紧环的一端向下），垫高 5cm 左右。

（4）将装配套（一种专用装配工具）旋入油缸中，在装配套与油缸结合处抹上黄油，将活塞从油缸上端放入，放入大堵头，装上穿心套，旋入定位螺母。

# 第二十七章　YDC240QX 前卡式千斤顶的拆装

YDC240QX 是运用比较广泛的一种单根张拉千斤顶，配上不同的配件可实现不同的功能，它既可用于单根张拉，也可用于单根预紧，配上顶压器还可用于先张法，本章主要通过 YDC240QX 千斤顶的现场拆装，了解该千斤顶的工作原理及使用方法，了解该千斤顶使用时易出现的问题及排除方法。

## 一、YDC240QX 千斤顶特点

YDC240QX 千斤顶是一种预应力穿心前卡式千斤顶，用于有粘结和无粘结筋的单根张拉施工，广泛应用于先张法、后张法的预应力混凝土结构、桥梁、岩土锚固等工程，特别适用于高空作业，便于携带。

YDC240QX 采用前卡式，即将工具锚前置，钢绞线预长 200mm 即可张拉，可节约钢绞线。在张拉过程中，本千斤顶能实现自动夹持及自动退锚，从而降低劳动强度，提高施工效率。

YDC240QX 千斤顶采用特殊结构，有效地防止了张拉时钢绞线打转的问题，避免了钢绞线因旋转而导致伸长值过长。

## 二、YDC240QX 前卡式千斤顶原理及结构

YDC240QX 前卡式千斤顶采用动缸式结构，具有连续跟进、重复张拉的性能，张拉过程中，千斤顶活塞、支撑套构成"不动体"，而油缸、穿心套、连接套及锚杯构成"运动体"，当"运动体"相对"不动体"向外移动时，工具夹片自动夹持钢绞线进行张拉，达到所需预应力值后：（1）在顶压张拉的情况下，顶压器推进夹片进行锚固；（2）在限位张拉的情况下，夹片随钢绞线回缩而自行锚固。然后"运动体"复位，千斤顶内工具夹片被顶松，完成张拉过程，其构造如图 27-1 所示。

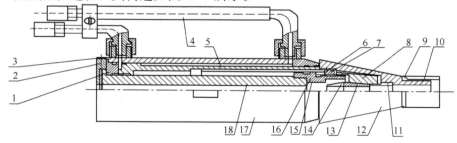

图 27-1　YDC240QX 千斤顶结构

1—堵头；2—压板；3—螺钉（M6×8）；4—油管组件；5—活塞；6—键；7—螺钉（M3×10）；8—锚杆；9—垫圈；10—支撑套螺母；11—顶检套；12—支撑套；13—工具夹片；14—导向套；15—回程弹簧；16—连接套；17—油缸；18—穿心套

### 三、YDC240QX 前卡式千斤顶的装配顺序

YDC240QX 前卡式千斤顶装配顺序如下：

（1）先将密封圈装入相应密封槽内，并抹上黄油。

（2）将油缸竖放（小头端向下），垫高 5cm 左右。

（3）将装配套旋入油缸中，在装配套与油缸交接处抹上黄油，将活塞装入油缸中，装入堵头，旋入压板并用紧固螺钉将其紧固。

（4）将油缸倒过来竖放（即小头端向上），把连接套和锚杯（注意要将油缸上的槽与活塞上的槽对应），工具夹片、弹簧、导向套一起装在穿心套上。

（5）装上键，如槽的位置有少许偏差，可将锚杯适当旋松对准键槽，用螺钉将键固定。

（6）装上其余零件。

### 四、YDC240QX 前卡式千斤顶拆的顺序

（1）先将支撑套、支撑套螺母及垫圈拆下，将螺钉取出，将键取出，然后把连接套和锚杯、工具夹片、弹簧、导向套一起拆下。

（2）将紧固螺钉取出，再把压板旋出，取出穿心套、堵头、活塞。

（3）拆和装的顺序是相反的，先装后拆，后装先拆。

# 第二十八章　ZB4-500 电动油泵的结构

## 一、用途特点

ZB4-500 型电动油泵是为千斤顶及固定端制作设备提供动力的一种设备，是使用额定油压 50MPa 以内的各种类千斤顶及固定端制作设备的专用配套设备，此外也可与其他各种形式的低流量、高压力的液压机械配套使用。在 ZB4-500 型电动油泵上安装一个三位四通阀，还可以在施工中不用另外卸装油管同时完成张拉、顶压、锚固。ZB4-500 型电动油泵是在预应力施工中运用最广泛的一种预应力设备。

## 二、主要规格及技术参数及结构（表 28-1、图 28-1）

ZB4-500 型电动油泵技术性能　　　　　　　　　　　　　表 28-1

| 柱塞 | 直径 | mm | 10 | 电动机 | 型号 | | Y100 L2-4 |
|---|---|---|---|---|---|---|---|
| | 行程 | mm | 6.8 | | 功系 | kW | 3 |
| | 个数 | z | 2×3 | | 转数 | r/min | 1420 |
| 油泵转数 | | r/min | 1420 | 出油嘴数 | | z | 2 |
| 理论排量 | | mL/r | 3.2 | 用油种类 | | | 液压油 L-HM32 或 L-HM46 |
| 额定油压 | | MPa | 50 | 油箱容量 | | L | 42 |
| 额定排量 | | L/min | 2×2 | 质量 | | kg | 120 |
| — | — | — | — | 外形（长×宽×高） | | mm | 745×494×1052 |

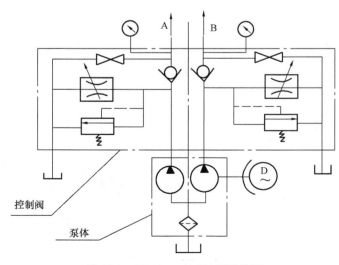

图 28-1　ZB4-500 电动油泵油路图

ZB4-500 电动油泵主要由泵体、控制阀和车体管路三部分组成。泵体采用的是自吸式轴向柱塞泵，主要作用是在电机的带动下完成吸油工作；控制阀有左右两个相同的阀体，主要作用是通过节流阀、截止阀和溢流阀来对油路进行控制；车体管路主要包括油箱、进油管、回油管等配套部分，是为了配合泵体、控制阀完成其功能的部分。

## 三、实习要求

由于 ZB4-500 电动油泵结构较为复杂，小零件较多，无装配经验的人员在装配时容易装错零件，因此，学员在实习时只由实习老师对照实物讲解 ZB4-500 电动油泵的结构，再拆下控制阀的阀杆让学员了解其原理，拆下泵体示范其吸、排油的过程，讲解 ZB4-500 电动油泵在使用中易出现的问题及排除办法，了解使用注意事项，教会学员操作该型油泵。

通过现场实习，要求学员熟练掌握常用的穿心式千斤顶、单根张拉前卡式千斤顶以及 ZB4-500 电动油泵的结构、原理、使用方法、保养及维护，有条件的地方还可进行其他预应力设备的现场操作实习，使学员了解更多的预应力施工设备，为以后的预应力施工作好充分的准备。不管是哪种设备，施工人员在使用之前都必须认真学习说明书，严格按照说明书的要求去做。

# 第二十九章　现 场 张 拉 实 习

　　通过本章的学习及现场实习，学员应了解在后张法施工中工作锚板、工作夹片、限位板、工具锚板、工具夹片、千斤顶如何放置；工作锚板和工具锚板，工作夹片和工具夹片如何区分；千斤顶和油泵如何连接；在安装夹片、锚板时应注意哪些事项。

　　在有混凝土构件或张拉台座的地方可以按照实际施工的要求进行钢绞线穿索、安装工作锚板、工作夹片、限位板，使用 YDC240QX 前卡式千斤顶进行单根预紧，再安装穿心式千斤顶、工具锚板、工具夹片，将油泵和千斤顶连接起来进行张拉，张拉力由实习老师根据现场实际情况决定。

　　如学习现场无混凝土构件及张拉台座，由实习老师根据现场实际决定张拉实习方式，只要能达到实习目的即可。

# 第九篇 施工现场常用标志标线

## 第三十章 概 述

住房城乡建设部发布行业标准《建筑工程施工现场标志设置技术规程》JGJ 348 -2014，自 2015 年 5 月 1 日起实施。其中，第 3.0.2 条为强制性条文，必须严格执行。

施工现场安全标志的类型、数量应根据危险部位的性质，分别设置不同的安全标志。建筑工程施工现场的下列危险部位和场所应设置安全标志：

（1）通道口、楼梯口、电梯口和孔洞口。

（2）基坑和基槽外围、管沟和水池边沿。

（3）高差超过 1.5m 的临边部位。

（4）爆破、起重、拆除和其他各种危险作业场所。

（5）爆破物、易燃物、危险气体、危险液体和其他有毒有害危险品存放处。

（6）临时用电设施和施工现场其他可能导致人身伤害的危险部位或场所。

根据《建设工程安全生产管理条例》的规定，施工单位应当在施工现场入口处、施工起重机械、临时用电设施、脚手架、出入通道口、楼梯口、电梯井口、孔洞口、桥梁口、隧道口、基坑边沿、爆破物及有害危险气体和液体存放处等危险部位，设置明显的安全警示标志。

施工现场内的各种安全设施、设备、标志等，任何人不得擅自移动、拆除。因施工需要必须移动或拆除时，必须要经项目经理同意后并办理有关手续，方可实施。

安全标志是指在操作人容易产生错误，易造成事故的场所，为了确保安全，所设置的一种标示。此标示由安全色，几何图形符合构成，是用以表达特定安全信息的特殊标示，设置安全标志的目的，是为了引起人们对不安全因素的注意，预防事故发生。安全标志包括：

（1）禁止标志：是不准或制止人的某种行为（图形为黑色，禁止符号与文字底色为红色）。

（2）警告标志：是使人注意可能发生的危险（图形警告符号及字体为黑色，图形底色为黄色）。

（3）指令标志：是告诉人必须遵守的意思（图形为白色，指令标志底色均为蓝色）。

（4）提示标志：是向人提示目标的方向。

安全色是表达信息含义的颜色，用来表示禁止、警告、指令、指示等，其作用在于使人能迅速发现或分辨安全标志，提醒人员注意，预防事故发生。安全色包括：

（1）红色：表示禁止、停止、消防和危险的意思。

（2）蓝色：表示指令，必须遵守的规定。

（3）黄色：表示通行、安全和提供信息的意思。

专用标志是结合建筑工程施工现场特点，总结施工现场标志设置的共性所提炼的，专用标志的内容应简单、易懂、易识别；要让从事建筑工程施工的人员能准确无误地识别，所传达的信息独一无二，不能产生歧义。其设置的目的是引起人们对不安全因素的注意并规范施工现场标志的设置，达到现场安全文明施工。专用标志可分为名称标志、导向标志、制度类标志和标线 4 种类型。

多个安全标志在同一处设置时，应按禁止、警告、指令、提示类型的顺序，先左后右，先上后下地排列。出入施工现场遵守安全规定，认知标志，保障安全是实习阶段最应关注的事项。学员和教师均应注意学习施工现场安全管理规定、设备与自我防护知识、成品保护知识、临近作业和交叉作业安全规定等；尤其是要了解和认知施工现场安全常识、现场标志，遵守管理规定。

常见标准如下：

《安全色》GB 2893；

《安全标志及其使用导则》GB 2894；

《道路交通标志和标线》GB 5768；

《消防安全标志》GB 13495；

《消防安全标志设置要求》GB 15630；

《消防应急照明和疏散指示标志》GB 17945；

《建筑工程施工现场标志设置技术规程》JGJ 348；

《建筑机械使用安全技术规程》JGJ 33；

《施工现场机械设备检查技术规程》JGJ 160。

根据《建设工程安全生产管理条例》的规定，施工单位应当在施工现场入口处、施工起重机械、临时用电设施、脚手架、出入通道口、楼梯口、电梯井口、孔洞口、桥梁口、隧道口、基坑边沿、爆破物及有害危险气体和液体存放处等危险部位，设置明显的安全警示标志。安全警示标志必须符合国家标准。通道口、预留洞口、楼梯口、电梯井口、基坑边沿、爆破物存放处、有害危险气体和液体存放处应设置安全标志，目的是强化在上述区域安全标志的设置。在施工过程中，当危险部位缺乏相应安全信息的安全标志时，极易出现安全事故。为降低施工过程中安全事故发生的概率，要求必须设置明显的安全标志。危险部位安全标志设置的规定，保证了施工现场安全生产活动的正常进行，也为安全检查等活动正常开展提供了依据。

# 第三十一章 常用标志设置规定

## 第一节 禁 止 类 标 志

施工现场禁止标志的名称、图形符号、设置范围和地点的规定见表31-1。

禁止标志

表 31-1

| 名称 | 图形符号 | 设置范围和地点 | 名称 | 图形符号 | 设置范围和地点 |
|------|----------|----------------|------|----------|----------------|
| 禁止通行 |  | 封闭施工区域和有潜在危险的区域 | 禁止入内 |  | 禁止非工作人员入内和易造成事故或对人员产生伤害的场所 |
| 禁止停留 |  | 存在对人体有危害因素的作业场所 | 禁止吊物下通行 |  | 有吊物或吊装操作的场所 |
| 禁止跨越 |  | 施工沟槽等禁止跨越的场所 | 禁止攀登 |  | 禁止攀登的桩机、变压器等危险场所 |
| 禁止跳下 |  | 脚手架等禁止跳下的场所 | 禁止靠近 |  | 禁止靠近的变压器等危险区域 |

续表

| 名称 | 图形符号 | 设置范围和地点 | 名称 | 图形符号 | 设置范围和地点 |
|---|---|---|---|---|---|
| 禁止乘人 | 禁止乘人 | 禁止乘人的货物提升设备 | 禁止启闭 | 禁止启闭 | 禁止启闭的电气设备处 |
| 禁止踩踏 | 禁止踩踏 | 禁止踩踏的现浇混凝土等区域 | 禁止合闸 | 禁止合闸 | 禁止电气设备及移动电源开关处 |
| 禁止吸烟 | 禁止吸烟 | 禁止吸烟的木工加工场等场所 | 禁止转动 | 禁止转动 | 检修或专人操作的设备附近 |
| 禁止烟火 | 禁止烟火 | 禁止烟火的油罐、木工加工场等场所 | 禁止触摸 | 禁止触摸 | 禁止触摸的设备或物体附近 |
| 禁止放易燃物 | 禁止放易燃物 | 禁止放易燃物的场所 | 禁止戴手套 | 禁止戴手套 | 戴手套易造成手部伤害的作业地点 |

续表

| 名称 | 图形符号 | 设置范围和地点 | 名称 | 图形符号 | 设置范围和地点 |
|---|---|---|---|---|---|
| 禁止用水灭火 |  禁止用水灭火 | 禁止用水灭火的发电机、配电房等场所 | 禁止堆放 |  禁止堆放 | 堆放物资影响安全的场所 |
| 禁止碰撞 |  禁止碰撞 | 易有燃气积聚、设备碰撞发生火花易发生危险的场所 | 禁止挖掘 |  禁止挖掘 | 地下设施等禁止挖掘的区域 |
| 禁止挂重物 |  禁止挂重物 | 挂重物易发生危险的场所 | — | — | — |

## 第二节　警　告　标　志

施工现场警告标志的名称、图形符号、设置范围和地点的规定见表31-2。

警告标志　　　　　　　　　　　　　表 31-2

| 名称 | 图形符号 | 设置范围和地点 | 名称 | 图形符号 | 设置范围和地点 |
|---|---|---|---|---|---|
| 注意安全 |  注意安全 | 禁止标志中易造成人员伤害的场所 | 当心触电 |  当心触电 | 有可能发生触电危险的场所 |

续表

| 名称 | 图形符号 | 设置范围和地点 | 名称 | 图形符号 | 设置范围和地点 |
|---|---|---|---|---|---|
| 当心爆炸 | 当心爆炸 | 易发生爆炸的危险的场所 | 注意避雷 | 避雷装置 注意避雷 | 易发生雷电电击的区域 |
| 当心火灾 | 当心火灾 | 易发生火灾的危险场所 | 当心车辆 | 当心车辆 | 车、人混合行走的区域 |
| 当心坠落 | 当心坠落 | 易发生坠落事故的作业场所 | 当心滑倒 | 当心滑倒 | 易滑倒场所 |
| 当心碰头 | 当心碰头 | 易碰头的施工区域 | 当心坑洞 | 当心坑洞 | 有坑洞易造成伤害的作业场所 |
| 当心绊倒 | 当心绊倒 | 地面高低不平易绊倒的场所 | 当心塌方 | 当心塌方 | 有塌方危险区域 |

续表

| 名称 | 图形符号 | 设置范围和地点 | 名称 | 图形符号 | 设置范围和地点 |
|---|---|---|---|---|---|
| 当心障碍物 | 当心障碍物 | 地面有障碍物并易造成人员伤害的场所 | 当心冒顶 | 当心冒顶 | 有冒顶危险的作业场所 |
| 当心跌落 | 当心跌落 | 建筑物边沿、基坑边沿等易跌落场所 | 当心吊物 | 当心吊物 | 有吊物作业的场所 |
| 当心伤手 | 当心伤手 | 易造成手部伤害的场所 | 当心噪声 | 当心噪声 | 噪声较大易对人体造成伤害的场所 |
| 当心机械伤人 | 当心机器伤人 | 易发生机械卷入、轧压、碾压、剪切等机械伤害的作业场所 | 注意通风 | 注意通风 | 通风不良的有限空间 |
| 当心扎脚 | 当心扎脚 | 易造成足部伤害的场所 | 当心飞溅 | 当心飞溅 | 有飞溅物质的场所 |

续表

| 名称 | 图形符号 | 设置范围和地点 | 名称 | 图形符号 | 设置范围和地点 |
|---|---|---|---|---|---|
| 当心落物 |  当心落物 | 易发生落物危险的区域 | 当心自动启动 |  当心自动启动 | 配有自动启动装置的设备处 |

## 第三节　指令标志

施工现场指令标志的名称、图形符号、设置范围和地点的规定见表31-3。

指令标志　　　　　　　　　　　　表31-3

| 名称 | 图形符号 | 设置范围和地点 | 名称 | 图形符号 | 设置范围和地点 |
|---|---|---|---|---|---|
| 必须戴防毒面具 |  必须戴防毒面具 | 通风不良的有限空间 | 必须戴安全帽 |  必须戴安全帽 | 施工现场 |
| 必须戴防护面罩 | 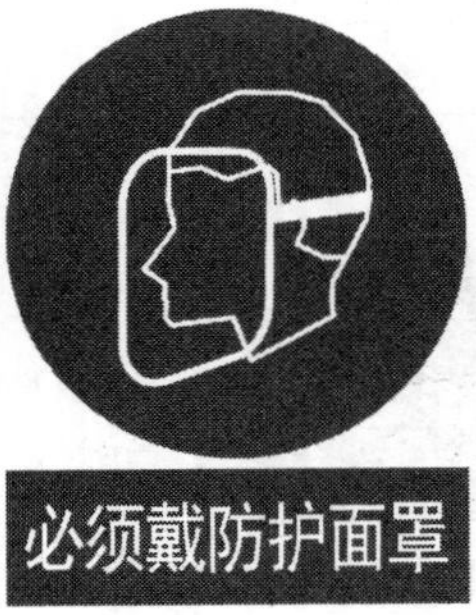 必须戴防护面罩 | 有飞溅物质等对面部有伤害的场所 | 必须戴防护手套 |  必须戴防护手套 | 具有腐蚀、灼烫、触电、刺伤等易伤害手部的场所 |

续表

| 名称 | 图形符号 | 设置范围和地点 | 名称 | 图形符号 | 设置范围和地点 |
|---|---|---|---|---|---|
| 必须戴防护耳罩 |  必须戴防护耳罩 | 噪声较大易对人体造成伤害的场所 | 必须穿防护鞋 |  必须穿防护鞋 | 具有腐蚀、灼烫、触电、刺伤、砸伤等易伤害脚部的场所 |
| 必须戴防护眼镜 |  必须戴防护眼镜 | 有强光等对眼睛有伤害的场所 | 必须系安全带 |  必须系安全带 | 高处作业的场所 |
| 必须消除静电 |  必须消除静电 | 有静电火花会导致灾害的场所 | 必须用防爆工具 |  必须用防爆工具 | 有静电火花会导致灾害的场所 |

## 第四节 提示标志

施工现场提示标志的名称、图形符号、设置范围和地点的规定见表 31-4。

提示标志  表 31-4

| 名称 | 名称及图形符号 | 设置范围和地点 | 名称 | 名称及图形符号 | 设置范围和地点 |
|---|---|---|---|---|---|
| 动火区域 |  动火区域 | 施工现场划定的可使用明火的场所 | 应急避难场所 |  应急避难场所 | 容纳危险区域内疏散人员的场所 |

| 名称 | 名称及图形符号 | 设置范围和地点 | 名称 | 名称及图形符号 | 设置范围和地点 |
|---|---|---|---|---|---|
| 避险处 | 避 险 处 | 躲避危险的场所 | 紧急出口 | 紧急出口 | 用于安全疏散的紧急出口处,与方向箭头结合设在通向紧急出口的通道处(一般应指示方向) |

## 第五节 导 向 标 志

施工现场导向标志的名称、图形符号、设置范围和地点的规定见表 31-5、表 31-6。

导向标志
表 31-5

| 指示标志图形符号 | 名称 | 设置范围和地点 | 禁令标志图形符号 | 名称 | 设置范围和地点 |
|---|---|---|---|---|---|
| ↑ | 直行 | 道路边 | P | 停车位 | 停车场前 |
| ↱ | 向右转弯 | 道路交叉口前 | ▽让 | 减速让行 | 道路交叉口前 |
| ↰ | 向左转弯 | 道路交叉口前 | ⊖ | 禁止驶入 | 禁止驶入路段入口处前 |
| ↙ | 靠左侧道路行驶 | 需靠左行驶前 | ⊗ | 禁止停车 | 施工现场禁止停车区域 |

| 指示标志<br>图形符号 | 名称 | 设置范围<br>和地点 | 禁令标志<br>图形符号 | 名称 | 设置范围<br>和地点 |
|---|---|---|---|---|---|
| | 靠右侧道路行驶 | 需靠右行驶前 | | 禁止鸣喇叭 | 施工现场禁止鸣喇叭区域 |
| | 单行路（按箭头方向向左或向右） | 道路交叉口前 | | 限制速度 | 施工现场入出口等需限速处 |
| | 单行路（直行） | 允许单行路前 | | 限制宽度 | 道路宽度受限处 |
| | 人行横道 | 人穿过道路前 | | 限制高度 | 道路、门框等高度受限处 |
| | 限制质量 | 道路、便桥等限制质量地点前 | | 停车检查 | 施工车辆出入口处 |

**交通警告标志**　　　　　　　　　　　　　　　　　　　表 31-6

| | | |
|---|---|---|
| | 慢行 | 施工现场出入口、转弯处等 |
| | 向左急转弯 | 施工区域急向左转弯处 |
| | 向右急转弯 | 施工区域急向右转弯处 |
| | 上陡坡 | 施工区域陡坡处，如基坑施工处 |

续表

| 图　形 | 名　称 | 设置范围和地点 |
|---|---|---|
| | 下陡坡 | 施工区域陡坡处，如基坑施工处 |
| | 注意行人 | 施工区域与生活区域交叉处 |

# 第六节　现　场　标　线

施工现场标线的图形、名称、设置范围和地点的规定见表31-7、图31-1～图31-3。

标　线　　　　　　　　　　　表31-7

| 图　形 | 名　称 | 设置范围和地点 |
|---|---|---|
| | 禁止跨越标线 | 危险区域的地面 |
| | 警告标线（斜线倾角为45°） | 易发生危险或可能存在危险的区域，设在固定设施或建（构）筑物上 |
| | 警告标线（斜线倾角为45°） | |
| | 警告标线（斜线倾角为45°） | |
| | 警告标线 | 易发生危险或可能存在危险的区域，设在移动设施上 |
| 高压危险 | 禁示带 | 危险区域 |

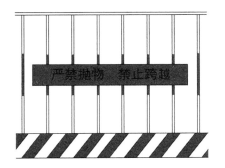

图 31-1　临边防护标线示意
（标志附在地面和防护栏上）

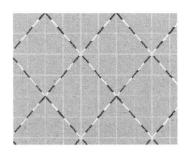

图 31-2　脚手架剪刀撑标线示意
（标线附在剪刀撑上）

图 31-3　电梯井立面防护标线示意（标线附在防护栏上）

# 第七节　制　度　标　志

施工现场制度标志的名称、设置范围和地点的规定见表 31-8、图 31-4。

制度标志　　　　　　　　　　　　　　　　　　　表 31-8

| 序号 | 名　称 | | 设置范围和地点 |
|---|---|---|---|
| 1 | 管理制度标志 | 工程概况标志牌 | 施工现场大门入口处和相应办公场所 |
| | | 主要人员及联系电话标志牌 | |
| | | 安全生产制度标志牌 | |
| | | 环境保护制度标志牌 | |
| | | 文明施工制度标志牌 | |
| | | 消防保卫制度标志牌 | |
| | | 卫生防疫制度标志牌 | |
| | | 门卫管理制度标志牌 | |
| | | 安全管理目标标志牌 | |
| | | 施工现场平面图标志牌 | |
| | | 重大危险源识别标志牌 | |

| 序号 | 名　　称 | | 设置范围和地点 |
|---|---|---|---|
| 1 | 管理制度标志 | 材料、工具管理制度标志牌 | 仓库、堆场等处 |
| | | 施工现场组织机构标志牌 | 办公室、会议室等处 |
| | | 应急预案分工图标志牌 | |
| | | 施工现场责任表标志牌 | |
| | | 施工现场安全管理网络图标志牌 | |
| | | 生活区管理制度标志牌 | 生活区 |
| 2 | 操作规程标志 | 施工机械安全操作规程标志牌 | 施工机械附近 |
| | | 主要工种安全操作标志牌 | 各工种人员操作机械附件和工种人员办公室 |
| 3 | 岗位职责标志 | 各岗位人员职责标志牌 | 各岗位人员办公和操作场所 |

(a)

(b)

(c)

图 31-4　名称标志示例

# 主 要 参 考 文 献

[1] 冯大斌，栾贵臣．后张预应力混凝土施工手册．北京：中国建筑工业出版社，1999 年 1 月．

[2] 陈惠玲，叶正宇．预应力混凝土有粘结及无粘结预应力技术问答．北京：中国环境科学出版社，2001 年 4 月．

[3] 杨宗放，方先和．现代预应力混凝土施工．北京：中国建筑工业出版社，1996 年 12 月．

[4] 刘效尧，朱新实，预应力技术及材料设备．北京：人民交通出版社，2005 年 1 月．

[5] JG/T 321－2011 预应力用液压千斤顶．北京：中国标准出版社，2011 年 9 月．

[6] JG/T 319－2011 预应力用电动油泵．北京：中国标准出版社，2011 年 9 月．

[7] JG/T 322－2011 预应力筋用挤压机．北京：中国标准出版社，2011 年 9 月．

[8] GB/T 5224－2003 预应力混凝土用钢绞线．北京：中国标准出版社，2003 年 6 月．

[9] GB/T 5223－2002 预应力混凝土用钢丝．北京：中国标准出版社，2002 年 7 月．

[10] GB 50010－2010 混凝土结构设计规范．北京：中国建筑工业出版社，2011 年 5 月．

[11] 中国建设教育协会建设机械职工教育专业委员会．预应力机械及施工技术．北京：中国建筑工业出版社，2009 年 1 月．